NF文庫
ノンフィクション

乗る前に読む旅客機入門

空の旅が何倍も面白くなる一冊

阿施光南

光人社

乗る前に読む旅客機入門——目次

第2章　旅客機の安全性　95

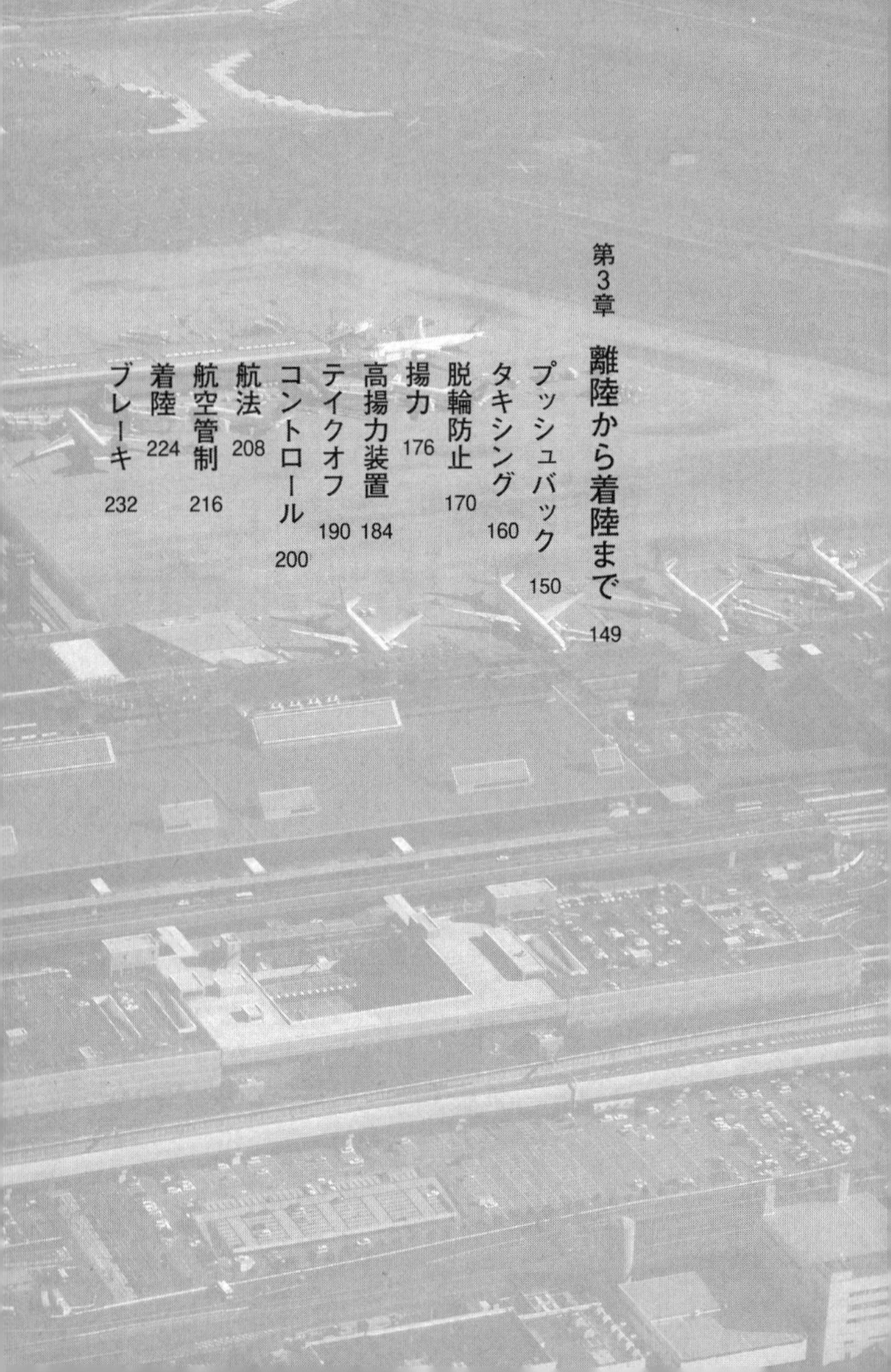

第3章　離陸から着陸まで　149

乗る前に読む旅客機入門

空の旅が何倍も面白くなる一冊

第1章 旅客機のしくみ

ボーディング

旅客機に乗り込むことをボーディングという。昔は移動式の階段（タラップ）を使うことが多かったが、巨大なジャンボ機の床の高さは五メートルもある。移動式のエスカレーターを作るという手もあったかもしれないが、もっと単純な方法が一般化した。

旅客機に乗り込むことをボーディングという。元になった言葉は、ホワイトボードや石膏ボード、あるいはスノーボードなどの板ッきれを表わすのと同じボードである。たぶん板ッきれでできた昔の船なんかに乗り込むところからボーディングという言葉が生まれ、それを旅客機でもそのまま使うようになったのだろう。歴史の浅い飛行機では、このように先輩格の船の用語をそのまま使うことが多い。

また外国の航空会社では、搭乗時に客室乗務員が「ウェルカム・アボード」などと出迎えてくれる。このアボードという言葉は、板ッきれのボードにaという接頭辞（オンを意味する）をつけて機内を意味するようにしたものだ。ウェルカム・アボードは「機内へようこそ」すなわち「ご搭乗ありがとうございます」といった意味になる。

旅客機へのボーディングには昔はタラップという移動式の階段を使うのが普通だったが、いまはボーディングブリッジ（航空関係者は旅客＝パッセンジャーの頭文字をつけてPBBと略す）という連絡橋で空港ターミナルビルから直接乗り込むことが多い。

旅客機の入口で出迎えてくれる客室乗務員。英語の決まり文句ならば「ウェルカム・アボード」となる。ようこそ！

なにしろボーイング747をはじめとするワイドボディ旅客機の登場により、旅客機の床は従来と比べるとずっと高くなった。それだけタラップも高く長くなり、年配の人や身障者はもちろん、一般の乗客でもうんざりするほどになった。また

B737に接続されたタラップ。最近は風雨よけのカバー付タラップが一般的だが、おかげでタラップの上から見送りの人に手を振るという姿もすっかり見られなくなった。

タラップでは、たとえ屋根がついていても雨の日には多少は濡れることを覚悟する必要がある。そうした不便を考えると、ボーディングブリッジはうれしい設備といえる。

ただし天気がよくて階段の昇り降りさえ気にしなければ、ターミナルビルからバス、そしてタラップを使って乗り込む方が楽なこともある。ボーディングブリッジでは旅客機をターミナルビルに横付けする必要があるため、多くの旅客機がいる大空港では必然的にターミナルビルを巨大化しなければならない。それだけ乗客が歩かなければならない距離も長くなるため、いっそバスに乗ってしまった方が楽だからである。

あいにく羽田空港ビッグバードの北ウイングのようにバス搭乗ゲートまでさえもうんざりするほど歩かされるところもあるが、そんな羽田空港でも到着時には確実に歩く距離が

ターミナルビルと飛行機を接続している箱状の通路がボーディングブリッジ。可動式で、飛行機の大きさや高さに合わせて動かすことができる。便利だが、味気ない。

短いところまで送ってくれる。しかも余禄として、ふだんは立ち入れない空港エプロン地区をバスでドライブするという楽しみもある。

もちろん巨大ターミナルビルでは動く歩道などによって歩く距離が短くなるよう配慮はされているが、日本の空港ではだいたいこの動く歩道の幅が狭すぎるのも問題だ。途中に立ち止まっている人がいると、すぐに渋滞ができてしまう。マナーとして立ち止まる人は片側を空けるよう案内放送がなされているが、両手に機内持ち込みの手荷物や土産物の紙袋なんかを持った人たちを避けて進むためには、もともとの幅があまりにも狭すぎるのだ。いったい空港の企画者や設計者は旅客機を利用したことがあるのかと疑いたくなる。

それはともかく、ボーディングブリッジは可動式になっており、先端にはちゃんと運転台もついている。これでスポットインした旅

ローカル線の旅客機には、折り畳み式タラップ(エアステア)を内蔵しているものが多い。写真はB737 - 500。同じB737でも新型のNGにはエアステアのないものが多い。

客機のドアのところにぴったりとドッキングするのだが、慣れないうちはなかなかむずかしいそうだ。しかも少しでも手間取ると、降りてくる乗客の顔が怒っていたりするらしい。ご苦労さまである。

またボーディングブリッジは可動式とはいっても動ける範囲には限りがあるので、旅客機が正確な位置(機種ごとに微妙に違う)に停止しなければ接続できなくなる。空港で旅客機が入るスポットをよくみると、前輪が通るセンターラインに機種ごとの停止位置を示したマークがついている。たいていの旅客機は見事にこのマークぴったりに前輪を停める、はずだ。もしも行き過ぎてしまったら旅客機はバックできないから大変なことになる。また行き過ぎてはならないと急ブレーキをかけたりすると機内で立ち上がっている乗客が転んでケガをする危険がある。

▲ボーディングブリッジの運転席。ジョイスティックで操作し、中央モニターは地上の安全確認用。貨物の積み下ろしなども行なうグランドハンドリングスタッフが操作する▼エアバスA380は世界最大、総２階建ての旅客機だ。そこで成田空港では大勢の乗客が迅速に乗り降りできるように２階席直通の新しいボーディングブリッジも設置した。

ドアの内側をそのまま階段にしているDHC‐8‐Q40。このタイプのドアは一度に何人もの乗客が乗ると壊れる危険があるので注意したい。下は機内から見た状態(CRJ200)。

飛行機が完全に停止するまではシートベルト着用のサインがまだ点いているはずだから、それを無視して立ち上がるような乗客はケガをしても自業自得ではないかと個人的には思っている。しかし、そんな乗客がオーバーヘッドストウェージ（頭上の荷物入れ）を開けていて、中の荷物が転げ落ちて周りの乗客にケガでもさせたら自業自得では済まない。そんな場合、誰にどういう責任が発生するのかはよく知らないけれども、パイロットはそんなことを未然に防ぐために停止位置ぴったりに、しかもなるべくスムースに停止できるように日夜精進しているのである。

で、ボーディングブリッジを旅客機のドアの正しい位置につけたならば、必要に応じて高さを微調整し、飛行機の床となるべく段差ができないようにする。ただし旅客機から乗客が降り、また貨物を降ろして軽くなっていくと、飛行機の脚（の緩衝装置）が伸びていく。そこで最初はぴったりに高さをそろえても、だんだんと旅客機の床の方が高くなっていくのだそうだ。次の出発便のボーディング前にはまた高さを合わせればよいが、今度は逆に貨物や乗客の重さで沈みこんでいくことも考慮しなければならないため、なかなかピッタリというわけにはいかない。くれぐれも足元に注意して乗っていただきたい。

ちなみにボーディングブリッジには屋根がついているうえに伸縮性のカバーが胴体に密着するために直接の雨は防げる。だが旅客機の丸い胴体を伝わってくる雨水を完全に避けることはできないタイプもあり、旅客機のドアの上には細い雨ドイがついている。今度乗ってみるときには、注意してみよう。

また小型の旅客機の場合は、ドア付近にタラップ（エアステアと呼ぶ）を内蔵していたり、あるいはドアの内側に階段をきって、そのままタラップとして利用できるようにしているものもある。実はタラップというのは英語ではワナを意味するトラップと同じスペルで、天井や壁などにつけたハネ上げ戸という意味もあるらしい。なるほどドアをそのまま階段として利用するものは、タラップと呼ぶのがふさわしいイメージだ。ただ、ワナでも仕掛けられているかもしれないと思うと、ちょっと落ち着かないけど。

エアバスA330

ドア

不意にドアが外れてしまってもシートベルトを締めていれば安心、というのは自動車の話。旅客機のドアが外れたら、たとえシートベルトをしていても酸欠でダウンしてしまう危険がある。シートベルトをしていなければ、外に吸い出されてしまう危険もある。

ひとくちに旅客機のドアといっても、いろいろな種類がある。ヒンジで横開きに開くものもあれば、スライドしながら横に開くもの、同じスライド式でも上方に開くもの、あるいは下に開いてタラップを兼ねるものもある。

このように種類や形はいろいろとあっても、いずれも外側に開くというのが基本である。例外的にボーイング767などのドアは機内上方にスライドして天井裏に収納されるが、あとは

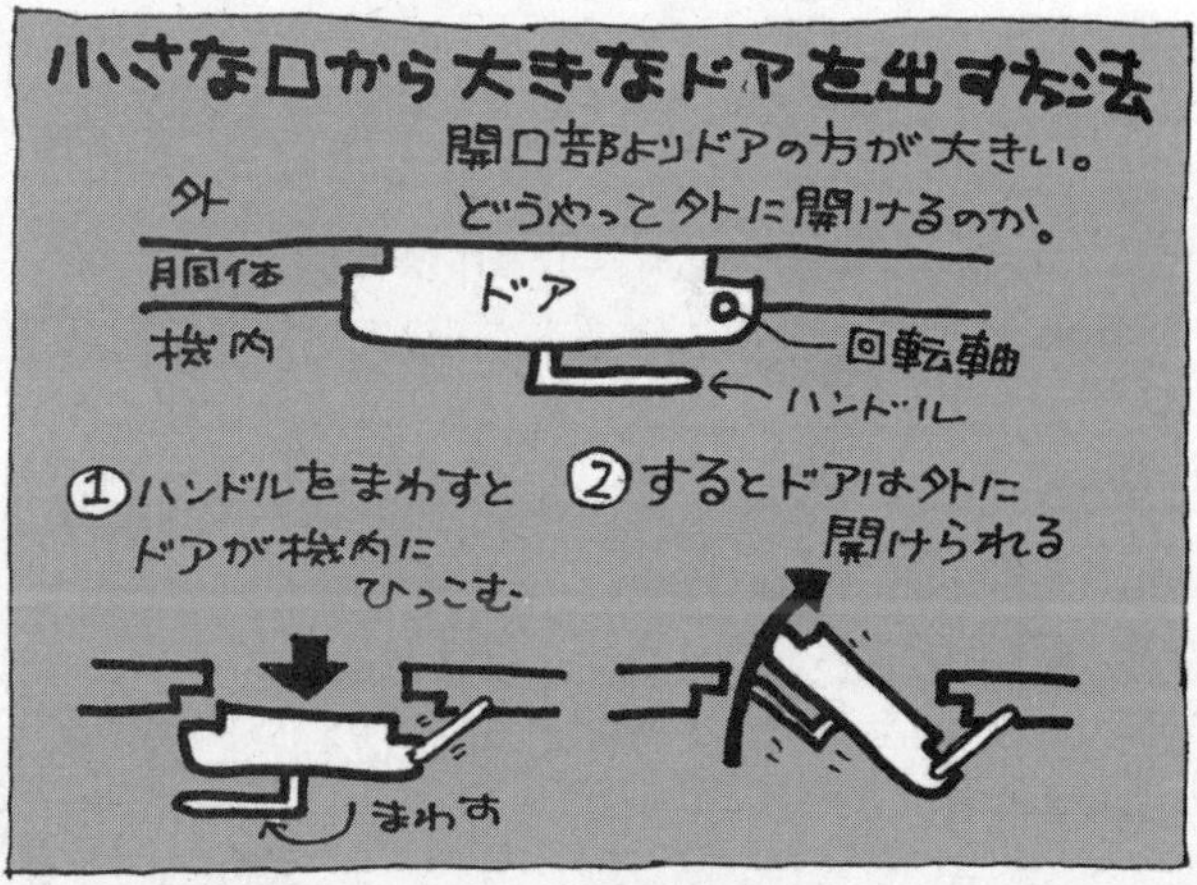

いずれも外開きだ。内側に向けて開くようにするには、機内にそれだけのスペースを用意しなければならない。そんなことで収容できる座席が減ってしまえば航空会社の儲けが減るし、緊急時に乗客に殺到されたら、もうドアを開けられなくなってしまうからだ。

ただ構造的には、内側に開くようにした方が簡単そうである。旅客機が飛行中にドアが開いてしまうようなことがあっては大変だが、内開きのドアにはそうした心配が少ない。なぜなら飛行中の機内は与圧といって外部よりも高い圧力に保たれており、おかげでドアは常に外側に向けて大きな力を受ける。

つまりドアを開口部よりも少し大きめに作っておいてやれば、ドアは内外の圧力差によってぴったりと壁におしつけられる。その力は大きなドアでは一〇トン以上にもなるというから、たとえロック機構が壊れても簡単には開かなくなる。あるいはテロリストや自殺願望の乗客が無理に開けようと思っても開けられるものではなかろう。もちろん寝ぼけた乗客がトイレと間違えて開けようとしても、たぶん開かない。

だがドアを外開きにすると、今度は逆に飛行中は常に内外の圧力差によってドアを開けようとする力を受けることになる。もちろんそれに耐える機構は用意されることだろうが、それが故障でもしたら大変だ。万が一にもドアが開いてしまうようなことがあれば、機内の空気が周辺のモノ（「物」だったり「者」だったり）を巻き込みながら猛烈な勢いで吹き出していくだろうし、機内に残った乗客もそのままでは生き残れないほど薄い空気にさらされることになる。あるいは機体が壊れてしまう危険さえある。

一九七四年にパリ近郊でトルコ航空のマクダネルダグラスＤＣ‐10が墜落したのは、こんなふうに飛行中に床下貨物室のドア（やっぱり外開き）が開いてしまったのが原因だった。しかも床下部分での急激な圧力の変化に耐えられずに客室の床が破壊し、床下を通っていた操縦ケーブルを破壊してしまったのである。実は胴体が破損するなどして機内の与圧が抜けてしまった場合の訓練は日常的に行なわれており、普通ならばドアが開いたり胴体に穴が開いてしまったくらいでは旅客機は墜落しない。

これは乗客（あるいは乗客の脳）が酸欠でダメージを受けてしまわないうちに空気の濃い低空まで急降下するという訓練だ。だけど操縦ケーブルが破壊されてしまったのでは手の施しようがない。

もちろん、こんな事故は滅多に起こらない。一九八九年にはユナイテッド航空のボーイング747の床下貨物室のドアが吹っ飛んでしまったことがあったけど（しかもこのときは客室の壁の一部まで一緒にモギ取っていった。無事に着陸できたのが不思議なほどだ）、ジェット旅客機で客室のドアが外れてしまったという話は聞いたことがない。それは多くの旅客機の客室ドアが、外開きでありながら内開きの信頼性も兼ね備えるように作られているからだろう。

ボーディングのついでにでもボーイング747のドアを見ると、内側（客室側）の方が外側よりも幅が広くなっているのがわかるはずだ。

つまりボーイング747のドアの幅は、ドアの開口部よりも広い。だから上空では、与圧の力でドアがぴったりと胴体に押しつけられ、簡単には開かないようになっている。これと似たような仕組みは、多くの旅客機で採用されている。

ここで気になるのは開口部よりも幅の広いドアをどうやって外に向かって開けるのかということだが、これはシンプルにして巧妙な方法で解決している。幅の広いものをそのまま幅の狭いところから出すことはできないが、斜めにすれば出せる。そこでドアの開放作業を見ていると、なるほど客室乗務員はドアをまず客室側に平行移動し（この操作だけ見ると内開きのドアのようだ）、それから外側に向けて回して開いている。最初にヒンジ部分を内側に移動するので、ドアを斜めに開口部から出せるようになるのである。これならば外開きとはいっても、内開きのドアと同じような気密性と安全性を確保できる。

ただし、すべての旅客機が同様の仕掛けを持っているわけではない。たとえば同じボーイング社の旅客機でも、先ほども書いたようにボーイング767は上方にスライドするドアを装備

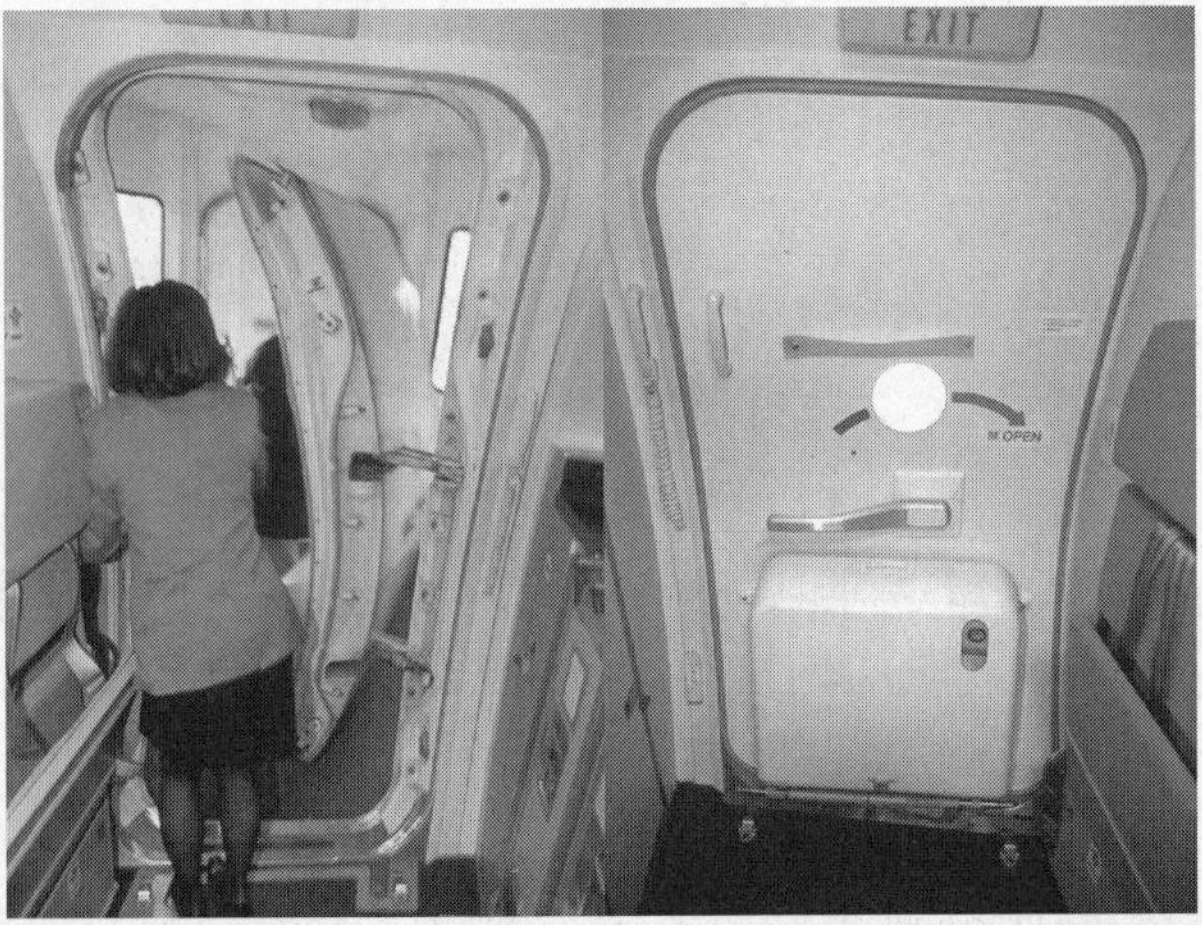

ボーイング737のドア。内側の方が外側よりも大きいが、レバーを回すと機内に引き込まれ、外に開けられるようになる。開ける勢いで転落しないよう注意が必要。

しているし、最新型のボーイング777は横にスライドするドアを装備している。このうちボーイング767は上方の「内側」にスライドするから問題ないが、ボーイング777は横の「外側」にスライドする。しかもボーイング777のドアは、外側の方が内側よりも幅が広い。これではロック機構が壊れたとき、あるいはテロリストなり自殺願望なり寝ぼけた乗客なりが上空で誤って開放操作をしたときに、ドアが開いてしまうのではないかと心配になる。実際にはボーイング777のドアも開閉時に一部が機内に回り込んで与圧の力で圧着できるようになっているのだが、ボーイング747のように見た目にもわかりやすい仕組みの方が乗客も安心するのでは……ということもないか。

ドアついでにもうひとつ観察していただきたいのは、横開きのドアはどちらに向けて開くようになっているかということだ。乗客の乗り降りにはたいてい左前方のドアが使われるから、ここについては注意してみれば前方に向けて（機内から見れば右側に向けて）開くとわかる。では胴体の右側についているドアはどうだろう。やはり機内から見て右側（後方）に向けて開くのか、あるいは左側（前方）に向けて開くのか。

ボーイング777のスライド式ドア。外側の方が内側よりも大きいが、飛行中は与圧の力で外側に押さえつけられる絶妙のメカ。

普段は右側ドアが開いている様子を見る機会はあまりないが、トイレに立ったついでにでもドアの形を見比べてみればわかる。答は左側、つまり前方に向けて開く。

これは前進中に不意にドアが全開してしまうことを防ぐためだそうだ。上空で気圧差のあるときにはドアは開かないようにできているとはいえ、地上走行中あるいは与圧の効いていない低空では開く可能性がないわけではない。そんなときドアが前方に向けて開くようにできていれば風圧がドアを閉めようとしてくれるが、逆についている場合はちょっと開いただけでドアを全開放するような力を受けてしまう。それでは危険なので、ドアは常に前方に向けて開くようになっているのだ。

ボーイング747

胴体

ほとんどの人は、旅客機の胴体が丸いことを素直に受け入れている。だけど、これほどモノを入れにくい形はない。電車のように四角い胴体の旅客機を作れば、もっと具合がいいんじゃないかというのは、ごく素朴な疑問ではないかと思うのだが。

外から見た旅客機の胴体は丸い。しかし一歩機内に足を踏み入れてみれば、電車などと同じくおおむね四角い形をしている。それはそうだろう。丸いままでは使いにくくて仕方がない。だから旅客機では胴体の中に床と天井を張って四角く使っている。だがどうして最初から電車やバスのように四角い胴体にしないのか。四角い方が乗客や荷物を積むにはずっと使い勝手がいいはずなのに。

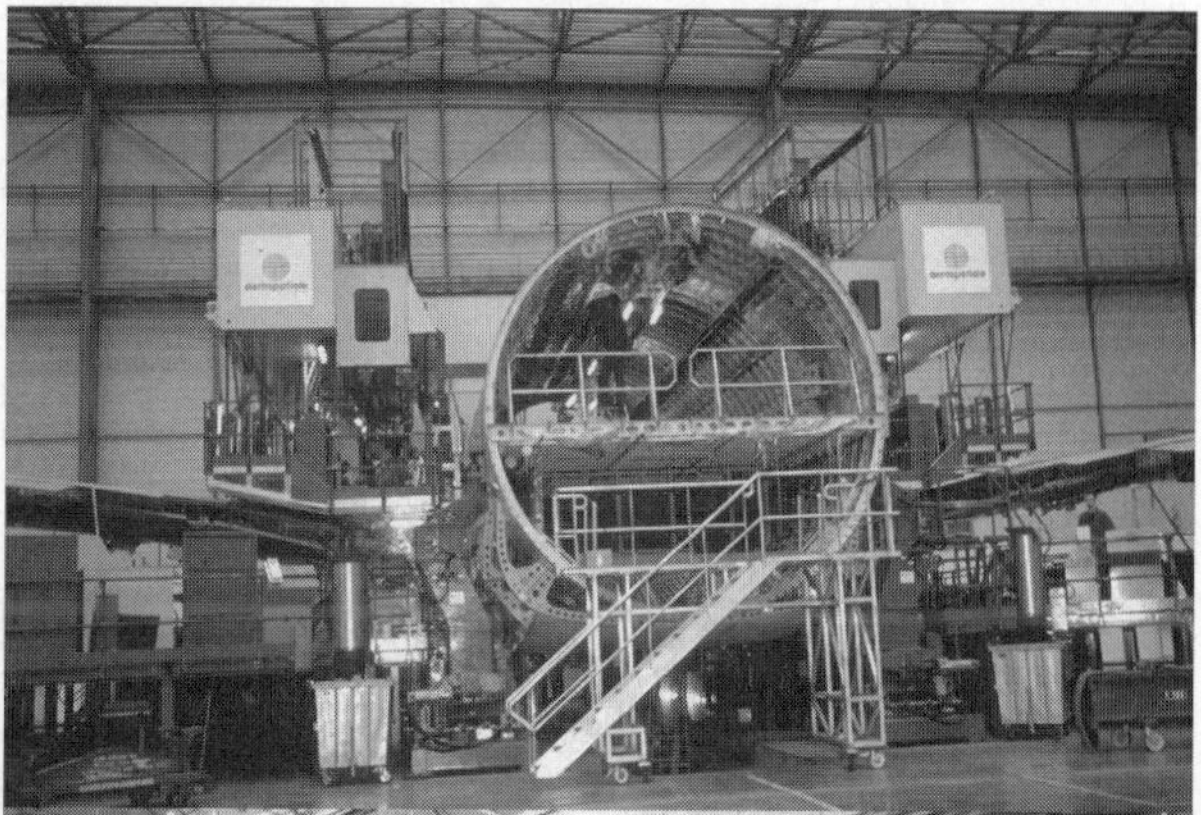

▲フランス、ツールーズの工場で製造中のエアバスA330。ほぼ真円の胴体の中央に床があり、上が客室、下が貨物室になる。胴体外板は厚く見えるが、実際には数ミリしかない。▼同じくエアバス工場のナロウボディ機A320。同クラス機では最も太い胴体を誇るが、こんなところに横６列に詰め込まれているかと思うと少し悲しくなる。

その理由は、丸い方が四角いよりも空気抵抗を小さくできるからだ。空気抵抗を小さくするには全体を角のない滑らかな形として、しかも表面積を小さくするのがよい。世界最速の新幹線500系は、せいぜい時速三〇〇キロ（ジャンボ機がやっと離陸できる速度）で走るために胴体を丸くした。空気抵抗は速度の二乗に比例するから、時速八〇〇キロで飛ぶ旅客機ではさらに抵抗の小さな形にする必要がある。

また軽くて丈夫な構造とするにも、丸い胴体は都合がいい。飛行中の旅客機は与圧といって、機内に圧力をかけるようになっている。旅客機の胴体は、いわば風船のように膨らもうとする圧力に耐えなければならない。こうした場合、丸い断面の方が力を均等に受けられて軽くて丈夫な構造にしやすい。角があると、そこに荷重が集中するために余計な強度を与えてやらなければならず、それだけ重くなってしまうのだ。ピンとこなければ、今度トイレットペーパーの芯をしげしげと眺めてみればいい。同じ厚さの紙で四角い芯を作ったら、もっと簡単につぶれてしまうとわかるだろう。

もちろん、いくら軽くて丈夫にできるといっても、やはり丸い胴体は四角い胴体よりも使いにくく、無駄なスペースもできやすい。そこで旅客機では客室天井に乗客用の手荷物入れを設置し、天井裏は空調や電気などの配管スペースとして有効活用。さらに床下は貨物室として乗客の荷物や貨物などを搭載できるようにした。

苦肉の策のようだが、乗客を積むには効率のよい電車が必要な機器類を屋根や床下にあふれさせているのを見ると、丸い胴体もまんざらではないかなと思えてくる。また効率よく乗

▲19人乗りのジェットストリーム・スーパー31は、手荷物室を腹の下に追加してせっかくのボディラインを台無しにしている。床下に「無駄」なスペースがあればよかったのに。▼ボーイング767への貨物コンテナ搭載。床下用の貨物コンテナはワイドボディ共通の規格サイズで、胴体の形に合わせてカットされている。ちょっと使いにくそうだけど。

客だけを運べるように作られたコミューター機（短距離路線を結ぶ小型旅客機）が、乗客の荷物を積む十分な場所を確保することができずに腹に荷物室なんかをくりつけている姿を見ると、無駄が多いようでも大きめの丸い胴体は便利なんだなあと思える。

もちろん貨物を積むにしても半月型のスペースではちょっと不便だが、それを少しでも解消するために旅客機では床下貨物室にぴったり収まる形の専用コンテナが作られている。空港にいくと、変な形の「箱」を電車のように長くつないだ車が走っているのを見ることができるが、この箱が床下貨物室用のコンテナである。

エンブラエル170

ワイドボディとナロウボディ

胴体が太いのがワイドボディで、胴体が細いのがナロウボディ。当たりまえだけど、十分に細いのに太すぎると悩んでいる女性は少なくない。どのくらいなら太いのやら細いのやら。旅客機では、その基準が明確に決められている。

旅客機には、胴体の太さに応じてナロウボディ（狭胴）機、ワイドボディ（広胴）機、そして中間的なセミワイドボディ機などがある。乗ったときに客室に通路が一本しか通っていなければナロウボディ機、二本通っていればワイドボディ機かセミワイドボディ機と考えればいいだろう。実際にはセミワイドボディ機に分類されるのはボーイング767一機種だけで、他の二本通路機はすべてワイドボディ機である。

▲世界で唯一のセミワイドボディ旅客機767は、床下にワイドボディ用コンテナを1列にしか積めない。セミワイド用のコンテナもあるが、他機との使い回しが不便である。▼エアバスA300は、胴体が細くなる後部の床下にも規格コンテナを収めるため、客室の床をさりげなく上げている。胴体のラインと窓のラインを比較すると、なるほどとわかる。

たとえばセミワイドボディ機であるボーイング767のエコノミークラスの座席配置は、二本の通路をはさんで横に二―三―二席（計七席）と並ぶのが基本だ。それに対してワイドボディ機のエアバスA300は二―四―二席（計八席）で一席分広くなっている。ところが同じワイドボディ機でもより大きなボーイング747は三―四―三席（計一〇席）が普通で、エアバスA300よりもさらに二席分も幅が広い。

▲ナロウボディ機(737)のキャビン。通路をはさんで横に3席＋3席。▼世界最大の747は3＋4＋3席配置の横10席。満席では500名以上を運ぶ。

ボーイング747よりも二席分も幅の狭いエアバスA300はワイドボディ機なのに、それよりも一席分しか幅が狭くないボーイング767がセミワイドボディ機になるというのに釈然としない人もいるかもしれないが、これは客席の数というよりは床下に搭載できる貨物コンテナによる分類と考えればいい。

▲セミワイドの767は２席＋３席＋２席が基本。圧迫感がなくほどよい。▼同じ767でもスカイマークは１席多い配置の機体もあるため大柄な人は窮屈。

現在のワイドボディ用の規格コンテナは、世界最初のワイドボディ旅客機であるボーイング747の床下貨物室に合わせて作られた。そしてボーイング747に続くマクダネルダグラスDC-10やロッキード・トライスター、そしてエアバスA300などといった旅客機も、この規格コンテナをボーイング747と同じように床下に二列に搭載できるように作られた。

だが五〇〇席クラスのボーイング747に対して、エアバスA300は三〇〇席クラスと六割程度の規模しかない。その胴体を同じ太さにしたら、エアバスA300はズングリとしすぎて空気抵抗の大きな旅客機になってしまうだろう。もちろん、それだけ性能や燃費が悪くなってしまう。だからエアバスA300はボーイング747と同じようにコンテナを二列に搭載しながらも、ぎりぎりまで細い胴体にしようと作られた。その結果、座席にして二列分のシェイプアップに成功したのである。

しかし、このシェイプアップはかなり過酷だった。それはエアバスA300の窓の列をよく見るとわかる。普通の旅客機は前から後ろまで床がフラットだから、窓の列も一直線になっている。ところがエアバスA300の窓の列は、途中（主翼よりも後方）から上に向かってカクンと折れている。これは後ろにいくにつれて細くなる胴体に無理にコンテナを収容するために、さりげなく客室の床を上げていったからである。まあ、ほとんど気づく人はいない程度だけど、客室最後方から見ると他の旅客機よりは前の方まで見渡しやすい。それは後方の床が高くなっているからである。

後にエアバスは、A300の胴体を縮めて（つまり胴体の太さは同じままで）二五〇席クラスのA310を作ったが、さすがにここまでくるとシェイプアップしたボディとはいえ無理が目立つようになった。ちょっとデフォルメすればチョロQになりそうな姿で、決して空気抵抗が小さいとは思えない。

そこでエアバスA310と同じく二五〇席クラスを狙ったボーイング767は、思い切ってワイドボディを捨てた細身のセミワイドボディとした。おかげで床下にはコンテナを一列にしか搭載できなくなってしまったが、胴体はエアバスA310よりも長くなったので搭載数が半減したわけではない（より無駄なく貨物を積めるセミワイドボディ用のコンテナも開発された）。もちろん細長いだけに空気抵抗も小さくなっている。目下の販売機数はボーイング767の方がエ

世界最初の、そして世界最大だったワイドボディ旅客機ボーイング747。21世紀に入ってさらに大きなエアバスA380が登場し、世界最大の座を奪われてしまったが(上)。ワイドボディ最小のA310はチョロQにするにもデフォルメの必要がなさそうなズン胴(中)。ライバルの767はセミワイドボディとして、より空気抵抗を小さくしている(下)。

アバスA310よりも三倍ほども多いが、これは無理に他のワイドボディ機との共通性を追求しなくても十分に競争力を持てるというひとつの証明といえるだろう。

ちなみにワイドボディ機は広くて快適という印象があるが、実際に乗客一人一人が占めるスペースはワイドボディ機もナロウボディ機も大差ない。確かに空席が多いときにはワイドボディ機が楽だが、満席のときの詰め込まれ感は耐えがたい。個人的にはセミワイドボディあたりが一番手頃ではないかと思っているのだが、航空会社によっては標準より一列多く座席を詰め込んだりしているので油断はできない。日本ではスカイマークのボーイング767の一部が標準より一席多い横八席配置、また国内線用ボーイング777が標準より一席多い横一〇席配置にしている。日本人は小柄な人が多いからとそんなことをするのかもしれないが、僕は日本人の標準よりも少しばかり肩幅があるので(頭もデカいというのは関係ないだろう)、ちょっと窮屈な思いをする。できれば、標準配列に戻してもらいたいものだ。

エアバスA330

シートの安全性

いくら旅客機が丈夫でも、ちょっとした衝撃でシートが壊れてしまっては仕方がない。だからシートは頑丈に作られている。しかし、選べるならば体重の重い人とは並んで座りたくない。窮屈だし、イザというときに他のシートより先に壊れる可能性がある。

旅客機のシート（座席）は、とりわけエコノミークラスのシートは決して快適とはいえないものが多いが、それでも色々と工夫がこらされている。空を飛ぶという宿命から軽くて丈夫でなければならないのは当然として、燃えにくいうえに燃えても有毒ガスを発生しにくく、さらに最近では退屈しないための機内エンタテイメントシステムの充実などが求められるからだ。

軽さは旅客機に搭載されるすべての装備に共通して求められるものだが、とりわけシートは数が多いから、油断すると全体では大変な重量増となる。そこで重い鉄ではなく軽くて丈夫なアルミ合金の骨組みが主体となっている。またそれらをつなぐ金具にも、クロームモリブデン合金などがフンパツされている。

丈夫さは、ただ体重の重い乗客がドシンと座っても壊れないという程度では不十分だ。旅客機のシートには不時着などの衝撃にも耐えられるように厳しい強度基準が決められており、それを満たさなければ使うことができない。ここで求められる強度は製造された時期や国によっても異なるが、現在ではだいたい前方に対して一六G、下方に対しては一四G程度となっている。

革張りのシートがリッチなジェイエアのCRJ200。普通は燃えにくい合成繊維が使われるが、革も同条件を満たしており使用可能。

Gというのは重力加速度の単位で、簡単には受ける力の大きさを示すと考えてもいい。普通に生活してい

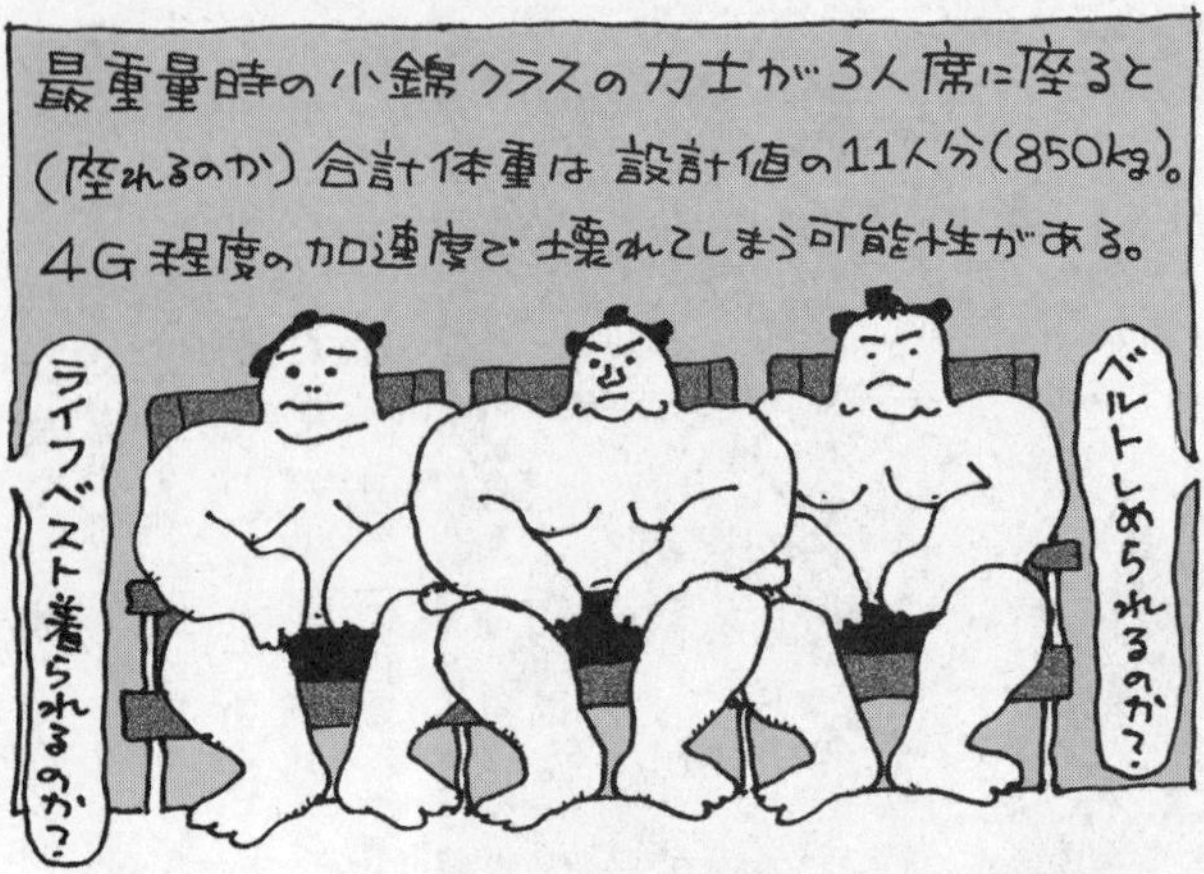
最重量時の小錦クラスの力士が3人席に座ると
(座れるのか) 合計体重は 設計値の11人分(850kg)。
4G程度の加速度で壊れてしまう可能性がある。
ベルトしめられるのか?
ライフベスト着られるのか?

るときに受ける重力加速度は一Gで、二Gになると体重が二倍になるのと同じような力を受ける。たとえば下方に対して一四Gに耐える強度というのは、あなたの体重（もちろんシート自体の重さも）が一四倍になっても壊れないということである。あるいは前方に対して一六Gというのは、時速四八キロからの衝突で瞬時に停止したときの荷重に相当する。さすがに飛んでいる飛行機がまっさかさまに地面に激突したらもたないが、不時着などの衝撃にはかなりの耐性を持つといえそうである。少なくとも、飛行機本体よりははるかに丈夫なのだから。

もちろん基準になる重さが変われば、Gを受けたときにかかる荷重の大きさも変わる。たとえば体重五〇キロの人に一四Gの加速度が加われば七〇〇キロの力になるが、体重一〇〇キロの人に一四Gの加速度が加われば力は一四〇〇キロ（一・四トン）にもなる。どこに合わせるかでシートに求められる強度も変わってくるので、たいていは体重七七キロを基準に作られている。これより軽い人が座れば、シートは一四G以上の力にも耐えることができるだろう。逆にこれより重い人が座ったシートは、軽い人が座ったシートよりも早く壊れてしまう可能性が高い。日本人の二〇歳代男性の平均体重は約六六キロ、二〇歳代女性の平均体重は約五一キロといわれているから、たいていの人は漠然と「よかったあ」と思っているに違いない。

ただし旅客機のシートは二〜三人が一緒に座るように作られている。もしあなたの両隣に一〇〇キロを越えるような巨漢が座ったとしたら、あなたが日本人の平均的な体重だったとしてもシート全体としての重さは基準値を越える。ただ座っているぶんには問題がないが、衝撃が加わったときには基準よりも低い加速度で破壊してしまう危険がある。それが心配なら、別に空席を見つけて移動した方がいいだろう（そんな巨漢に両脇をかためられたら、安全性を考えなくても移動したくなるだろうけど）。しかも選べるならば、なるべく離れた席を捜すといい。強度以上の加速度が加わった場合、シートが付け根から外れてすっ飛んでいく可能性もあるからだ。そんな巻き添えになったのではつまらない。

フルフラットシート

史上最多生産数を誇るダグラスDC‐3は、もともと寝台旅客機として作られた。空の旅は、寝てすごすのが一番楽チンだ。そんな伝統を復活させたフルフラットシート。ヨーロッパ往復に五〇万円から一五〇万円くらい払えば、あなたでも利用できる。

近年、世界の主要航空会社の間では、とりわけファーストクラスやビジネスクラスでのサービス競争が激化している。なかでもわかりやすくアピールできるものとして導入が進められているのがフルフラットシート、要するに背もたれとフットレストが九〇度可動してベッドのように平らになるシートの導入である。当初は一部航空会社のファーストクラスの目玉サービスのひとつとして導入したが、最近ではビジネスクラスでも導入する航空会社が増え

フルフラットシートを採用したユナイテッド航空のファーストクラス。足元までのスペースを長く確保するために、それぞれの座席を斜めに配しているのが特徴だ。

ている。

実際にはシートというのは座面や背もたれに凹凸があるから、フルフラットにしたところで本物のベッドと同じような寝心地が期待できるわけではない。また特にビジネスクラスのフルフラットシートではスペースを節約するために、あるいはファーストクラスのフルフラットシートと差別化するために、シート面を斜めに平らにするものもある。こうなると寝ていてもズルズルと足元に滑っていきそうで落ち着かないが、こんなときにはフルフラットになるちょっと手前でとめておけば、尻が軽くひっかかって具合がよろしい。「ならば、あえてフルフラットじゃなくてもいいじゃん」とも思うが、航空会社にとっては実用性はともかく「フルフラットをアピールできる」というのが大切なのだろう。

フルフラットシートの導入にはシート自体

スイス国際航空のビジネスクラス。十分にベッドとして通用する快適さだが、これでもフルフラットとはいわれない。航空会社のサービス競争は厳しいのである。

の価格や維持費（たぶん従来のシートよりは整備にも手間がかかるはずだ）はもちろん、大きなスペースを必要とすることによる収容力の低下なども覚悟しなければならないが、それでもまだメリットがあるという。たとえば東京からロンドンまでをファーストクラスで往復すると、運賃は約一五〇万円にもなる。エコノミークラスの格安航空券ならばその一〇分の一以下で往復できるだろう。単純に運賃の差が儲けの差になるわけではないが、それでも一人でエコノミークラスの乗客一〇人分以上の金を払ってくれるファーストクラスの乗客を少しでも多く確保することが、航空会社にとって重要であることはいうまでもない。かくして豪華絢爛フルフラットシートが相次いで導入されることになるのである。

ちなみにフルフラットシートを含むビジネスクラスやファーストクラスのシートも安全基準はエコノミークラスのシートと同じであり、やはり大

これは工場ではなく航空会社での重整備中の旅客機のキャビン。すべての座席やトイレ、ギャレーはドアから出し入れできるように作られなければならない。

きな強度や難燃性などが求められる。本体が重いだけGがかかったときの荷重も大きくなるから、強度的にはますます厳しくなってくるはずだ。

また開発時に気をつけなければならないのは、大きさの制約。

旅客機では重整備のときにシートを外に出さなければならないこともあるし、途中でインテリアを変更したくなることだってあるだろうから、ドアから出し入れのできる大きさにしなければならない。以前のシートならばそんな心配をするまでもなかったろうが、本当に最近のシートは大きくなっているから、出し入れも大変そうである。さらに付け加えるならば、旅客機ではギャレーやラバトリー（トイレ）もドアから出し入れできなければならない。

もちろんそのままでは出し入れできないから、これらはいくつかに分割できるように作られている。

機内映画

画面を観るだけならタダでもいいが、音声まで聞くなら金を払ってくださいという映画館。それが昔の機内映画だった。字幕のある洋画は音声なしでも楽しめるし、字幕のない洋画は音声があってもわからない。そんな僕は、もちろんいつもタダ客だった。

一九六九年に初飛行したボーイング747は、世界ではじめて客室に通路を二本通したワイドボディ旅客機だった。それまでの旅客機は、いずれも中央に一本の通路を持つだけのナロウボディ旅客機だったのである。

その巨体は見る人を感動させたが、乗客の立場では素直に喜べないこともあった。せっかく旅客機に乗っても、二本の通路の間にはさまれた中央列の席に座ったのでは、外の景色も

ボーイング747は、特に通路にはさまれた乗客の退屈しのぎを考えて機内で映画を上映できるようにした。コンパートメントごとのスクリーンにプロジェクターで投影する

楽しめない。そこでボーイングは乗客を退屈させないために、機内で映画を上映できるようプロジェクターを装備。さらに映画の音声だけでなく音楽も楽しめるよう各席にヘッドフォン用の端子を備えた。機内エンタテイメント時代の幕開けだ。

ちなみに当初の機内映画は、国際線では有料のオプションサービスだった。客室の前に置かれたスクリーンは誰でも見ることができたが、金を払わなければ音声を聞くことができなかったのである。金額は確かIATA（国際航空運送協会）の取り決めにより二ドル五〇セントくらいだったろうか。これを払うと空気式のヘッドフォンを貸してくれたのだ。一方で日本の国内線にエンタテイメントシステムを備えたワイドボディ旅客機が就航するようになると、こちらではタダでヘッドフォンを貸してくれたから、これをくすねて

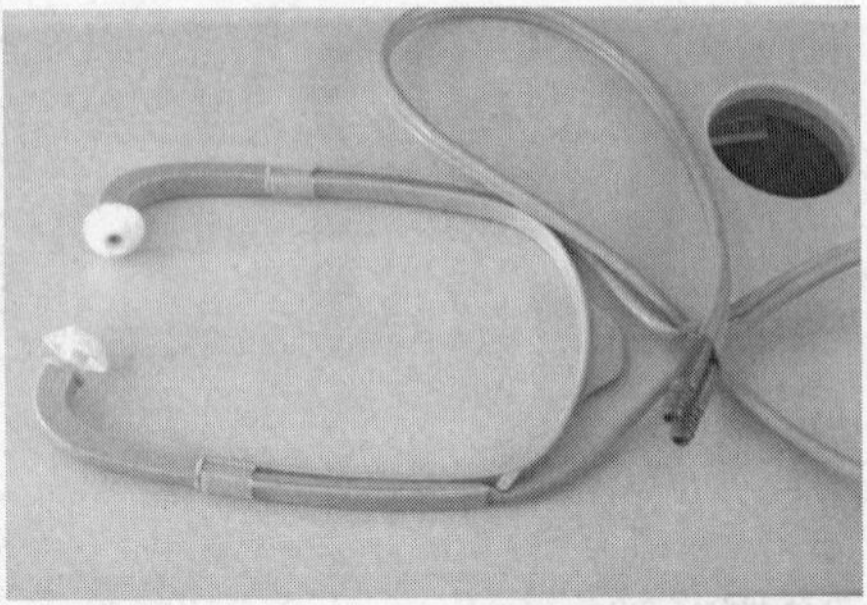

飛行機でしか見かけない空気式ヘッドフォン。こんなものでも、国際線では有料で貸し出していた。

国際線に持ち込めばタダで映画や音楽を楽しめるはずだった。僕はそこまでしなかったが、それは当時の機内映画にはけっこう字幕つきのものもあって、音声抜きでもストーリーを追うくらいのことはできたからである。

しかもそのうちにIATAの取り決めなんか無視して無料でヘッドフォンを貸してくれる航空会社が増えたから、結局僕は一度もヘッドフォンに金を払ったことはない、というのが自慢にならない自慢であったりする。二ドル五〇セントといえば、現在の為替相場ではたかだか二〇〇円程度。ずいぶんミミッちい話のようだが、かつては一ドル三〇〇円くらいだったから、物価レベルを考えれば現在の一〇〇〇円以上になるのだ。まあ、それでもミミッちいといえばミミッちいけど。

またヘッドフォンが有料の時代から、ビジネスクラスやファーストクラスの乗客にはタダでヘッドフォンが提供されるというサービスが行なわれていた。ところがエコノミークラスの乗客にもタダでヘッドフォンを貸し出すのが常識になってからは、上級クラスの乗客には電気式のヘッドフォンを提供して差別化を図るところが増えた。わざわざ「電気式の」とことわるのも馬鹿ばかしいが、とにかく旅客機ではヨソでは見ることのない変な空気式ヘッドフォンしかなかったのだから、これは画期的だった。

さらに上級クラスでは各席に個人用の小型液晶モニターを装備してさらなる差別化が図られるようになったが（その前の過渡期的なサービスとして、ハンディの8ミリビデオプレーヤーを貸し出す航空会社なんかもあったな）、こうした設備も順次エコノミークラスで楽しめるようにした航空会社が増えている。

最新エンタテイメントシステム

乗り物の中での暇つぶしは、乗客にとっては大きな問題である。だからといって、乗せる側がこれほど金をかけて暇つぶしの面倒をみるという交通機関は旅客機くらいだろう。映画、音楽、ゲームにギャンブル……。さて、次はなにが登場するのやら。

現在の先端的なエンタテイメントシステムでは、複数の映画や映像、音楽プログラムを自由に楽しむことができ、しかもそれぞれについて個々の乗客が自由に再生、早送り、巻き戻しをできるようになっている。もちろんゲームも楽しむことができ、航空会社によってはカジノで一儲けできるところさえある。カジノだからもちろん損することもあるが、限度額が決まっているので旅先に着く前に破産するという心配はない。

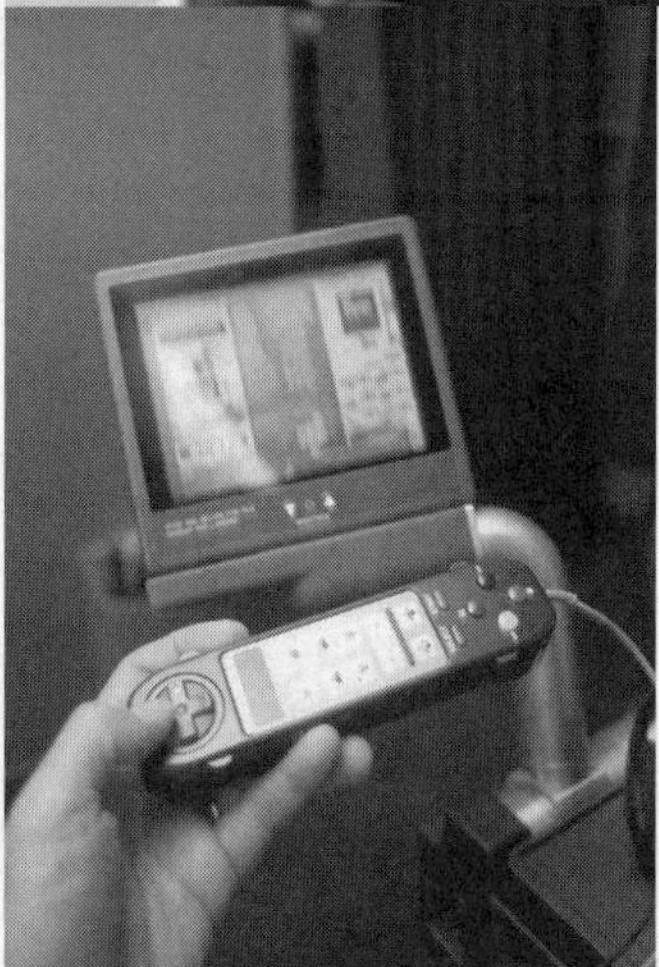

▲ビジネスクラスではおなじみの個人用モニター。コントローラーを引っくり返すと個人用の電話機になっているものが多い。ただし通話料金は１分で1000円程度かかる。▼個人用エンタテイメントシステムでは、映画だけでなく到着地情報やゲームなど多彩なプログラムを選べるものが多い。メカ的には乾燥した機内での静電気対策がむずかしいそうだ。

またこうしたエンタテイメントシステムに使われるコントローラーは取り外し式が一般的で、エンタテイメントシステムの操作だけでなくシートまわりの読書灯や客室乗務員の呼び出しボタンなども備え、さらに機上電話の受話器も兼ねていることが多い。一般にこのコントローラーのボタンは操作フィーリングが非常に悪いのだが、航空会社によっては個人用液晶モニターにタッチパネルを採用してストレスを少なく、またわかりやすく操作できるように工夫している。

機上電話の料金は高額なため、あまり利用している人を見たことはないが、最近はインターネット用の端子を備える航空会社もあるので、これを利用すれば比較的短時間に多くの情報をやりとりすることも可能である。またシートにパソコン用の電源端子を備えるのも、欧米の大手航空会社では常識になりつつある。

こうしたさまざまな新サービスは当初はファーストクラスやビジネスクラスのみで提供されるのが普通だが、イギリスのヴァージン・アトランティック航空のように積極的にエコノミークラスのエンタテイメントシステムを充実させている航空会社もあり、おかげで他の航空会社も渋々（たぶん）ながらエコノミークラスにも金を使うようになってきたという感じである。貧乏人にはヴァージンさまさまといえるだろう。

もちろんヴァージンでもエコノミークラスとアッパークラス（ビジネスクラスの料金でファーストクラスのサービス、と宣伝されている。同社にはファーストクラスはない）のエンタテイメントシステムには差があるが、それは個人用液晶モニターの大きさとヘッドフォンの音質くらいである。ヴァージンでは早くからエコノミークラスでも電気式のヘッドフォンが提供され、しかもそれは乗客にプレゼントされていたが、アッパークラスにはアクティブ・ノイズキャンセラー機能つきのヘッドフォンが用意されており、機内の騒音の中でもクリアーな音をきくことができるようになっているのだ（ただし、さすがにこのヘッドフォンは着陸前に回収される）。

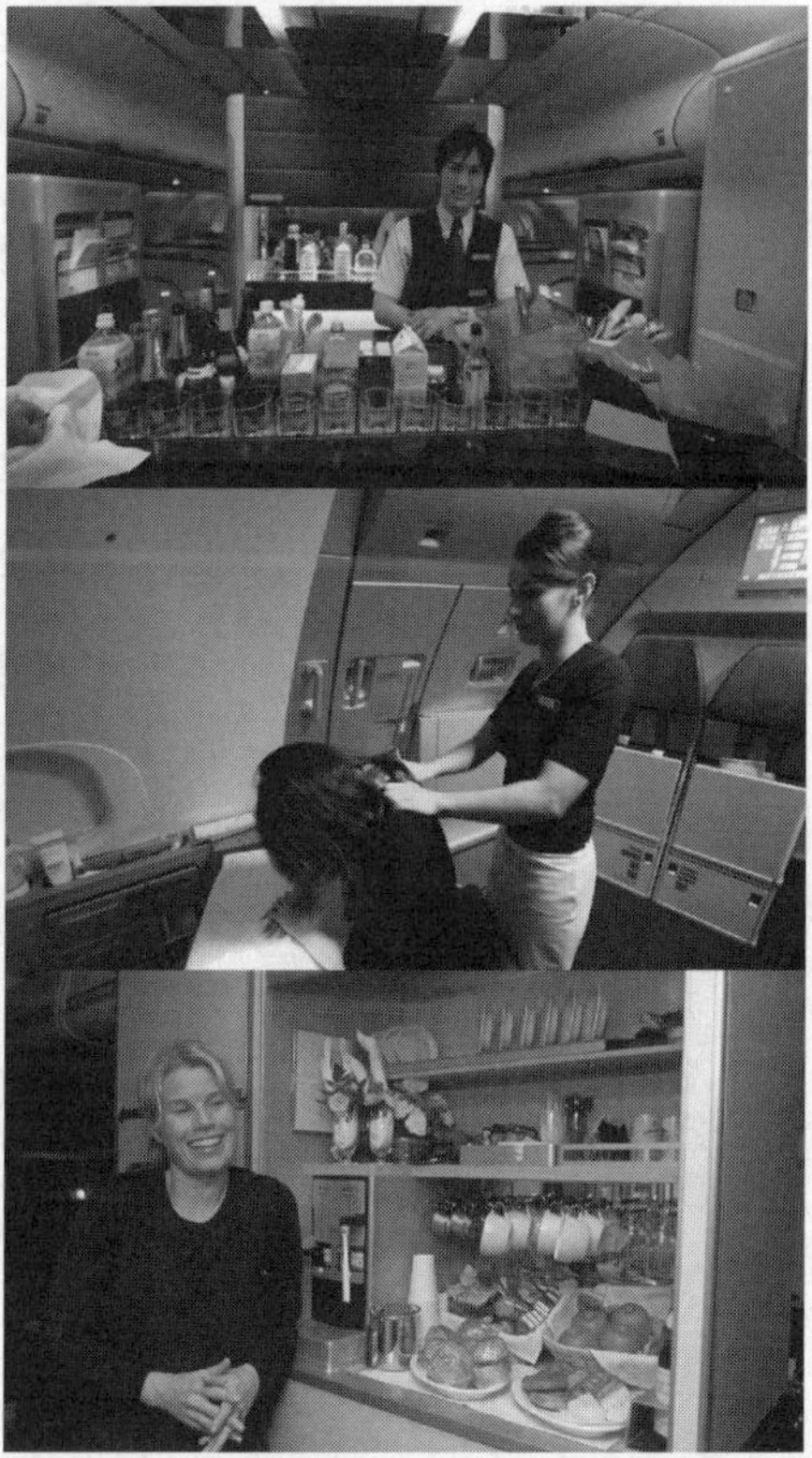

ファーストクラスを廃してビジネスクラスを充実させる航空会社も多い。これはヴァージンのバーカウンター（上）。ヴァージンのアッパー（ビジネス）クラスでは専門のビューティーセラピストがマッサージなどをしてくれる(中)。ビジネスクラスにセルフサービスコーナーを設けた会社もある。乗務員に頼むより気楽で気晴らしにもなる(下)。

ちなみにヴァージン・アトランティック航空は、ヴァージン・レコードの創始者であるリチャード・ブランソン（今はサーの称号がつく）が会長を務めている。僕は「本業のレコード会社で儲かっているから、道楽の航空会社ではいろいろと遊べるんだな」くらいに考えていたのだが、実はブランソン会長はエコノミークラスまで含めた全席に世界で初めて個人用液晶モニターを装備する資金を調達するために、ヴァージン・レコードを売却してしまったのだという。航空会社は、彼の道楽ではなくマジなビジネスだったのである。そんな話を聞くと、ますますヴァージンさまさまといいたくなる。

エンブラエル170

ラバトリー

「お手洗い」といえば誰でも「便所」とわかるが、「ラバトリー」を「トイレ」とわかる人はだいぶ少なくなる。さらに「ベイキャント」と「オキュパイド」のどっちが「あき」か「使用中」かのわかる人はかなりの航空旅行マニア、なわけないか。

旅客機では、トイレのことを上品にラバトリーと呼ぶ。どんなに大きな旅客機でも、個々の乗客にとっては自分のシートとトイレだけがすべてなのだから、トイレは旅客機の最も大切な設備のひとつといえる。それを心から実感したのは、とある新型旅客機（当時）でヨーロッパへフライトしたときのことだ。

成田を出発して最初の食事サービスが一段落するかしないかという頃、まだ日本海を横断したばかりではないかという頃にトイレに行ったが、用を足したあとスイッチを押しても反応がなかった。そのトイレはバキューム式といって、スイッチを押すと便器にたまった汚物を猛烈な勢いで吸い込むというタイプだった。吸い込まれた汚物は機体後部のタンクに送られて溜め込まれる。現在のほとんどの旅客機は、このバキューム式のトイレを採用している。

ところが故障すると、汚物はいつまでも便器にたまったままとなる。「固形物」はもちろん「液体」さえもたまったままだ。幸い（？）そのとき僕が放出したのは「液体」だけだったが、何度かスイッチを試したあと、あきらめて客室乗務員を呼び事情を話した。客室乗務員は特に驚いた様子もなく、トイレのドアに「故障」と英語で書いた紙を張っただけだった。僕は、自分のオシッコがいつまでも扉の向こうにたまったままでいるのかと思うと（もちろんフタは閉めておいたけど）、ちょっと落ち着か

最近主流のバキューム式トイレ。大だけでなく小も流すまでは便器にたまったまま。故障したときは悲惨である。

ない気分になった。

だが、それは恐怖のフライトのはじまりにすぎなかった。そのあと機内のトイレが次々と故障し、ほんの数時間後には二ヵ所を残して全滅してしまったのだ。残った二ヵ所はビジネスクラスのトイレだったが、こうなったらクラス分けも何もあったもんじゃない。旅客機では原則として下位クラスの乗客が上位クラスのキャビンに入ることを禁じているが、そのときばかりはエコノミークラスを含めた機内の全クラスの乗客が、フライトの間じゅうそのトイレに長い行列を作ったのである。

僕は、マジで「緊急着陸」を切望した。なにしろ目的地までの予定飛行時間は一四時間もある。だけど、まだ半分も飛ぶ前からトイレが二つだけになってしまったのだ。もちろん残るトイレだっていつ故障するかわからない。そうなる前に、モスクワあたりに降りてトイレを修理してほしい。修理が無理でも、せめて「トイレ休憩」くらいはできないものか。

だが結局、機長は緊急着陸することなく飛び続けた。幸い二つのトイレはなんとか持ちこたえてくれたが、フライトのほとんどを僕は飲み物なしですごした。乾燥した機内で水分を摂取しないでいるのは健康に悪いが、オシッコをガマンするのも負けずに健康に悪そうだもの。そんなときでも客室乗務員は乗客にビールなんかを勧めて歩いていたが、いったい何を考えているのやら。

後に僕はその旅客機を作っているメーカーの取材で広報担当者に「ひどいめにあった」と訴えたが、彼は「もう改善した」とケロッとしていた。ただ、「そんなことがあったのか」

と驚くのではなく、迷わずに「もう改善した」と即答したくらいだから、たぶん彼も問題があったことは知っていたのだろう。一方で「うちの製品を使っていれば、そんなこともなかったのに」といったのは日本のＪＡＭＣＯのスタッフである。ＪＡＭＣＯは世界でもトップクラスの旅客機用トイレやギャレーのメーカーなのだ。

いずれにせよ僕は、この経験を通して「古いトイレも悪くなかったな」と思いなおした。バキューム式が登場する以前の旅客機のトイレはほとんどが循環式、一部にタンク式が使われているという状況だった。タンク式というのは、要するにトイレの下に防臭殺菌液の入った汚物タンクを置いて、ポッチャンと落としておくだけのものである。

循環式トイレはより本格的な水洗式だが、旅客機では使用できる水が限られているので、洗浄液は何度も循環再利用される。具体的には便器の下に防臭殺菌液を入れたタンクがあって、水洗スイッチを押すとここからフィルターを通してくみ上げられた液が便器を洗い流す。なぜフィルターを通すのかといえば、便器の洗浄に使われた水は、汚物と一緒にまた同じタンクに戻るからである。だから次に使う洗浄水には、いくらか前の人の汚物が混ざることになる。そこで前の人の出した固体まで一緒に吸い上げたら便器の洗浄どころではないので、フィルターを通して液体だけをくみ上げるのである。

この方式では、もちろん使用回数が増すに連れて洗浄水の中の汚物の割合が増す。そのせいもあって、長いフライトの後半になると、洗浄液が妙に濁って異臭を放つようになったりした。そんなときには防臭殺菌剤を追加投入してしのぐのだが、まあこの程度のことは欠点

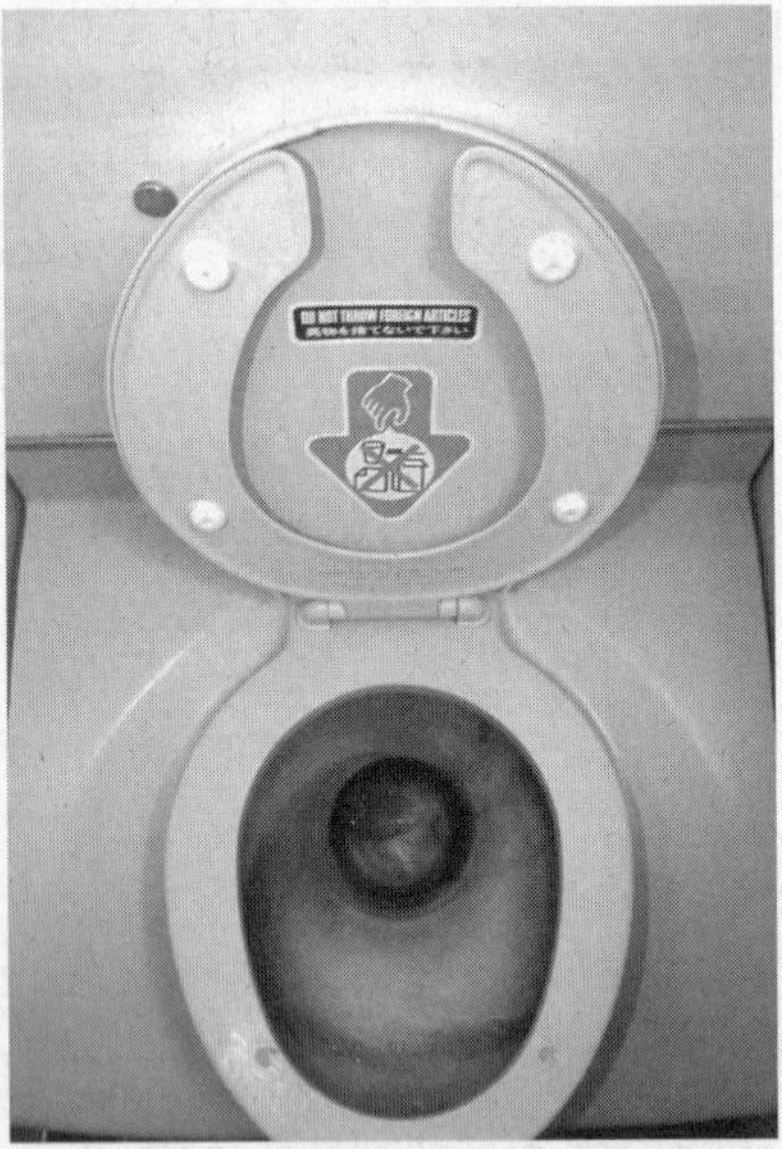

かつての主流の循環式トイレ。下に防臭消毒液の入った汚物タンクがあり、そこからフィルターを通して何度も流す。

とまではいえないだろう。

むしろ循環式トイレで問題とされていたのは、たとえばトイレットペーパー以外のものを流すとすぐにフィルターが詰まってしまうこと。またトイレグループごとに汚物タンクを用意する必要があり、地上では何ヵ所ものトイレの汚物を別々に処理する手間が必要だったということだ。それに対して現在主流のバキューム式は機体後部に一ヵ所だけタンクをつければよく、地上での汚物処理は簡単になるし、機内レイアウトの自由度も増す。

だけどタンク式や循環式には、万一故障しても重力で汚物を下に落とすことができるという素晴らしい利点があった。イザとなれば先に固形物を出しておき、「自前の液体」でそれを流すという技も使えた。多少臭くなるかもしれないが、全然流せないよりはマシである。少なくとも成田からヨーロッパへのフライトで緊急着陸を切望するような事態を経験した僕は、そう思う。

　また初期のバキューム式トイレでは、座ったままスイッチを入れた乗客の尻が吸い込まれて便座から抜けなくなるという事件もあったそうだ。これはO型の便座を使っていたからで、便座をU型に交換したあとは同様の事件は起こっていない。また新型のボーイング777では、日本の航空会社の提案によって便座がバタンと閉まらないような工夫がなされている。こういう細やかな心遣いは悪くないが、その前にあの「グオオオー」という吸引音はなんとかならないものだろうか。

　ちなみに、これまで僕が利用した旅客機で最高のトイレはSAS（スカンジナビア航空）のエアバスA340に設置されたビジネスクラス用の

▲トイレ天井の煙感知器。煙草を吸うとすごい音がする。感知器を無力化しようとすると罰せられることもある。▼禁煙のはずのトイレに必ずある灰皿。隠れ吸った吸殻で火災になるのを防ぐための、苦々しい装備である。

▲最近の旅客機では身障者にも使いやすいトイレが1ヵ所は備えられるようになっている。ドアの開閉機構を工夫して車椅子のまま入れるようにした広いものも登場している。▼日本航空のファーストクラス用のトイレ。窓がついているのが自慢で、インテリアにも豪華なイメージを演出。

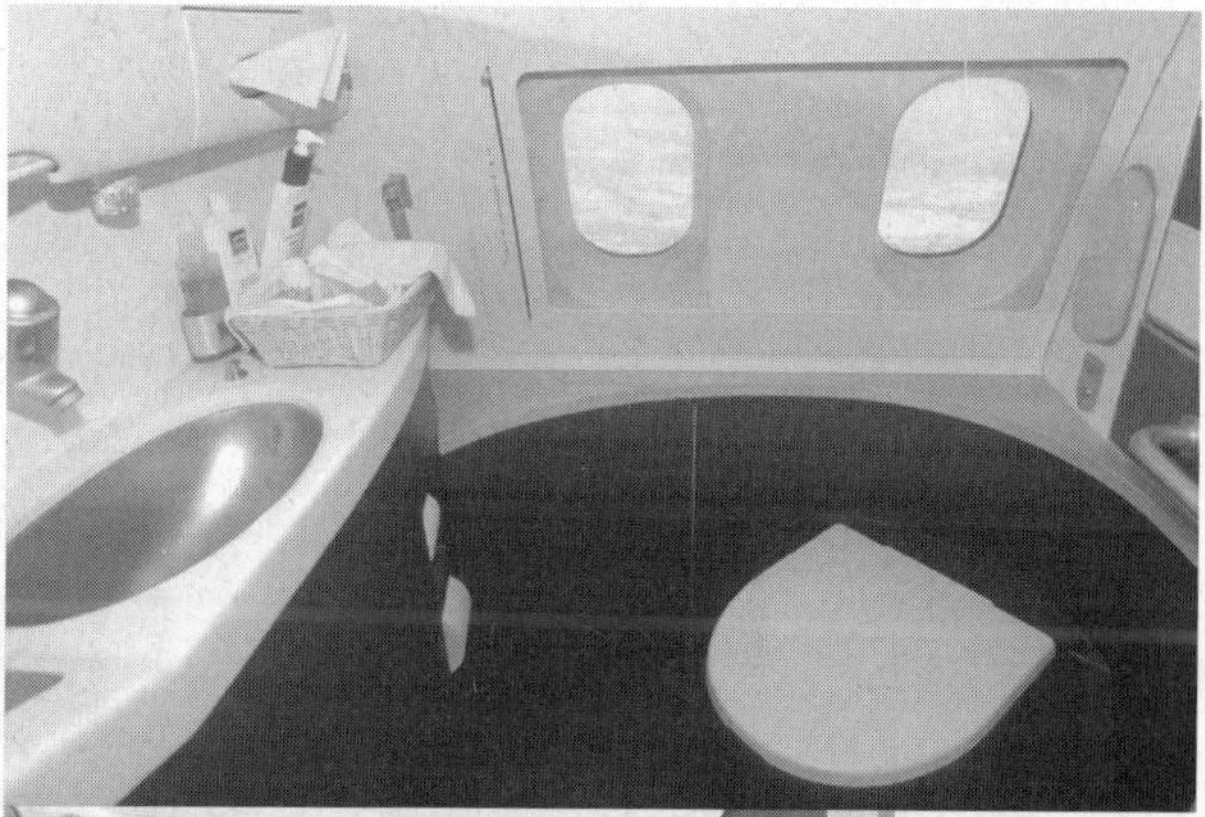

▲僕が知る旅客機最高のトイレはSASのビジネスクラス。窓が2つもあって広く明るい。オムツ台を開けるとポップなイラストが書かれているのも遊び心があって好感度大。▼目立たないが、頑張っている汚物処理車。バキューム式トイレでは1ヵ所のタンクを処理するだけでよくなった。

トイレである。広いうえに窓がついていて、高度一万メートルの景色を楽しみながら気持ちよく用を足すことができる。日本航空のファーストクラス用のトイレにも窓はついているが、これはひとつだけで、しかも窓を背に座るようになっている。しかしSASのトイレは窓二つ分の広さがあり、しかも景色が楽しめるようにと（？）わざわざ便座が斜めにつけられているのだ。

これに匹敵するのは、かつて日本の空を飛んでいたスカイシップ600飛行船のトイレ（やっぱり窓がついていた）だが、これは「オマル式」なので用を足すと地上での処理が大変である。整備士さんたちの手間を考えると、使うのがためらわれた。だけどSASのトイレは心置きなく使える。あいにくSASでもエコノミークラスのトイレには窓がなく、またエコノミークラスの乗客がビジネスクラスのトイレを使うことは認められていないのだが、もしフンパツする機会があったら試していただきたい。

エアバスA320

ギャレー

かつて旅客機にはプロの料理人が乗って食事をサービスしたこともあったそうだ。気圧の低い機内では、さぞや火加減がむずかしかったことだろう。いまも「シェフ」が乗務する航空会社はあるが、機内で料理はしない。せいぜい盛りつけるだけだ。

ときどき「客室乗務員と結婚すると、毎日おいしい料理が食べられるんじゃないか」などという人がいる。そう考える最大の理由は、やはり機内で客室乗務員が食事を出してくれるからだろう。機内食がそんなにうまいものかどうかは別として、なんとなく「客室乗務員は料理がうまいに違いない」というイメージは定着している。

だが、僕は断言してしまおう。それは誤解である。もちろん客室乗務員にも料理のうまい人はいるだろうが、それは普通のサラリーマンに料理のうまい人がいるのと同じで、職業とは関係ない。もしあなたが機内食をおいしいと思い、毎日そんな料理を食べたいと思ったのならば、むしろ機内食工場（ケータリング工場）の調理人と結婚した方がいい。機内食は機内で作られているのではなく、専門の機内食工場で作られているからだ。

食事に関しての客室乗務員の仕事は、調理済みの、しかし冷えた料理をよく加熱して笑顔でサービスすることである。コンビニにたとえるならば、電子レンジで弁当をチンしてくれる店員さんみたいなものだろうか。どちらも笑顔が素敵だと美味しく感じるということはあるかもしれないが、それを料理の腕前というかどうかは疑問である。

▲客室乗務員が押して歩いているのがカート。空港ではこのまま交換して機内食の積み下ろし作業を効率化している。▼オーブンで機内食を温める。エコノミーでは温料理は１品しかつかないが、それも数百人分となると大変な作業だ。

▲これが一般的なギャレー。しばしば調理室と訳されるが、どこにも調理をするための設備は見当たらないことがわかる。せいぜいコーヒーメーカーと電子レンジくらいだ。▼ギャレー下段にはカート、上段にはコンテナがビッシリと収納される。調理場というよりは倉庫かロッカーに近い。

また旅客機の中で、こうした機内食を保管したり加熱したりする場所をギャレーという。これは船の炊事場を意味する言葉で、さらには大昔には奴隷に漕がせたガレー船のことだった。確かに、食事サービス前のギャレーで客室乗務員があわただしく働いている様子は、さながらガレー船の中のようでもある。ただ加熱するだけとはいっても、やっぱり数百人分もの食事を用意するのは大変なのだ。

▲機内食もうまいにこしたことはないが、その真髄は旅の演出にある。空の上で食事を楽しめるのは、すごいことだ。▼エコノミークラスの一般的な機内食。これに加えてアルコール類も無料でサービスされる。昔は有料だったけど。

こんな食事サービスの最中には迷惑だろうが、食事の後かたづけが一段落して、さらには免税品の販売なんかも終わった頃ならば客室乗務員にも少しゆとりができる。トイレに立ったついでにでも、ちょっとギャレーをのぞかせてもらうのもいいだろう。いったいどんな風になっているのやら。

ギャレーでは実際に料理を作るわけではないから、その構造も普通のキッチンとはだいぶ違う。強いて似ていると思われるものをイメージするならば、駅のコインロッカーで囲まれた部屋という感じだろうか。それも全部同じ大きさのロッカーではなく、下の方に大きめのロッカーが並び、上の方に小型のロッカーが並ぶようなタイプ。ただ違うのは、ひとつひとつのロッカーに相当する部分が取り外せるということで、下の「大型ロッカー」をカートといい、上の「小型ロッカー」をコンテナという。

カートは機内食のサービスで客室乗務員が押して歩いている、あのキャスター付の縦長金属箱のことである。中にはびっしりと機内食や飲み物が入っているので、狭くて揺れる機内で押して歩くのはなかなかの重労働だ。勝手に転がっていかないようにブレーキはついているが、移動は人力である。とりわけ全日空が使っていたロッキード・トライスター（すでに引退している）は、飛行中に少し機首を上げて飛ぶようになっていて、後方から前方に向けてカートを押していくのは大変だったそうだ。たぶん乗客はそんなことを気にしなかったと思うし、マニアの間では人気の高い旅客機でもあったのだが、こんなことも含めて使い勝手は決してよくなかったという。

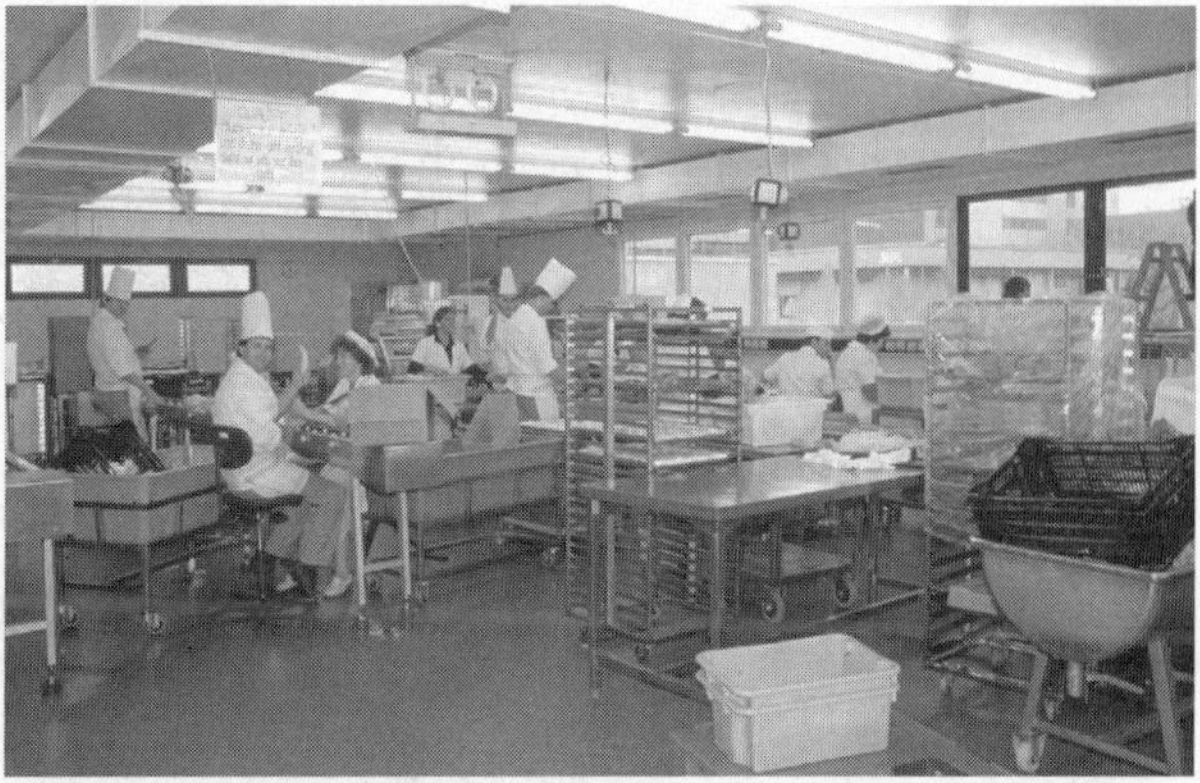

これが機内食工場。そこいらの給食センターよりも、はるかに規模の大きなところが多い。同じ工場内でライバル同士の航空会社の機内食を作っていることも珍しくない。

コンテナは手提げ式の金属箱で、入っているのはグラスやポット、ナプキンやテーブルクロスなどのサービス用品から、はてはオツマミやら子供用のオモチャなどさまざまだ。中にはただ水やお湯を入れてあるだけのものもあって、これはとてつもなく重い。僕はこうしたカートやコンテナを用意する機内食工場で持たせてもらったことがあるのだが、いつも重いと思って持っている山盛りの撮影機材よりもはるかに重かった。

そして、これらカートやコンテナをすべて取り出してしまったギャレーというのは、コインロッカーというよりは家具屋さんのような感じになる。要するにカラッポの棚が並ぶだけのスペース。かろうじてオーブンとコーヒーメーカーがついているくらいで、あとはほとんど何もない。

ギャレーがこのような構造になっているの

は、フライトの後かたづけと準備が簡単だからである。なにしろ旅客機が地上にいるのは国際線でも二～三時間にすぎない。この間に数百人分の機内食を、しかも長距離便ならば二回分も搭載しなければならない。もちろん搭載する前には、到着便で使われた食器や残飯を降ろさなければならない。それを素早く迅速に行なうためには、なんでもかんでもカートやコンテナに入れて総取っ替えするのが手っとり早いのである。

ここで威力を発揮するのは、ハイリフトローダーといわれる特殊トラックだ。これは荷台部分が旅客機のドアの高さまで昇降できるトラックで、到着便から乗客が降りると同時にスタッフが機内に入り、ギャレーの中身を洗いざらい持ち出してしまう。そして次に出発便に備えた新しいコンテナやカートをどんどん積み込んでいくのである。またこうした積み降ろし作業の利便性を考えて、ギャレーはたいていドアの近くにある。

エアバスA380

ケータリング

僕が通った小学校は、四〇人学級が学年に三組。六学年全体で七〇〇人程度の生徒数だった。それだけの給食を用意するのは大変だったと思うが、日本最大のケータリング会社ＴＦＫが作る機内食は一日平均三万食。一人で食ったら何年分になるのか。

機内食を作ったり、旅客機に積み込んだりといった業務を行なうケータリング会社は、大きな国際空港なら周辺に二つや三つはある。たとえば成田空港ならばＴＦＫが管制塔の向かいに大きな機内食工場を構えているのが目を引くだろう。特徴はビル外壁にハイリフトローダーの着くドックが上下二段にずらりと並んでいることで、下層は出発便用の荷物を搭載するため、上層は到着便からの荷物を降ろすためである。ハイリフトローダーの昇降式荷台を

機内食を搭載するためのハイリフトローダー。荷台を旅客機のドアの高さまで上げることができる。ギャレーがドア付近にあるのは、積み下ろしの効率化を考えてのことだ。

使えば、シップサイドだけでなく機内食工場においても搬出物と搬入物の動線をすっきりと分離することができて便利なのだ。

機内食工場の中には巨大な調理施設のほか、食材や飲み物、あるいは航空会社ごとの食器などを保管しておく倉庫などもある。もちろん機内食以外の搭載品、たとえば飲み物とかおしぼり、機内販売用の免税品なども機内食工場で準備される。

「工場」というと大げさな感じがするかもしれないが、たとえばTFKでは一日平均三万食を調理しているというから、これならやっぱり工場というのがふさわしい規模ではないか。もちろん消費される食材の量も膨大だが、国際線ではこれらが「国外」で消費されることになるため、多くが保税扱いになっているというのがちょっとユニークなところである。

また航空会社のすべてが自前の機内食工場

（自社系列のケータリング会社。ちなみにTFKはJALグループだ）を持っているわけではないし、自前の機内食工場を持っているにしても就航先のすべてに展開しているわけではない。そこで必要に応じて外注することになるから、同じ機内食工場がライバル同士の航空会社の両方に機内食を提供しているということも珍しくない。あるいは「うまい」と評判の航空会社の機内食と「まずい」と不評の航空会社の機内食が、実は同じ機内食工場で作られているということもある。ひょっとしたら機内食工場の人も「これってマズいよね」と思いながら調理していることがあるかもしれないが、とにかく航空会社が示したレシピ通りに作られなければならないのだから仕方ないそうだ。

「では機内食工場のプロの目から見て、うまい機内食を出している航空会社はどこでしょう」と聞いたことがあるが、「それは金をかけているところですよ」と、しごく簡単な答が返ってきた。商売を考えてのこともあるかもしれないが、確かにアメリカ西海岸に五万円以下で往復できるような時代なのだ。この間に提供される機内食は四食。いったい一食あたりの機内食に、どれだけの金をかけられるものやら。

ボーイング747

与圧

キャップ式のアルミ缶飲料を、上空で飲み干そう。そしてきつくキャップをしめて、着陸まで放っておく。アルミ缶はベコベコにへこんでしまうはずだ。これが高度によって変わる空気の力である。そしてこれ以上の力が、あなたの乗った旅客機にもかかっている。

飛行中の旅客機は与圧といって、機内の気圧が外気よりも高くなるようにしている。なにしろ旅客機が飛ぶ高度一万メートル付近では、空気は地上の四分の一程度ほどまで薄くなる。そのままでは人間は生きていけないので、機内に圧力をかけてせいぜい高度二〇〇〇メートル程度の気圧になるようにしているのだ。

この程度でも離陸後の上昇や着陸前の降下時には耳がツンとするし、体調が悪いと気分が

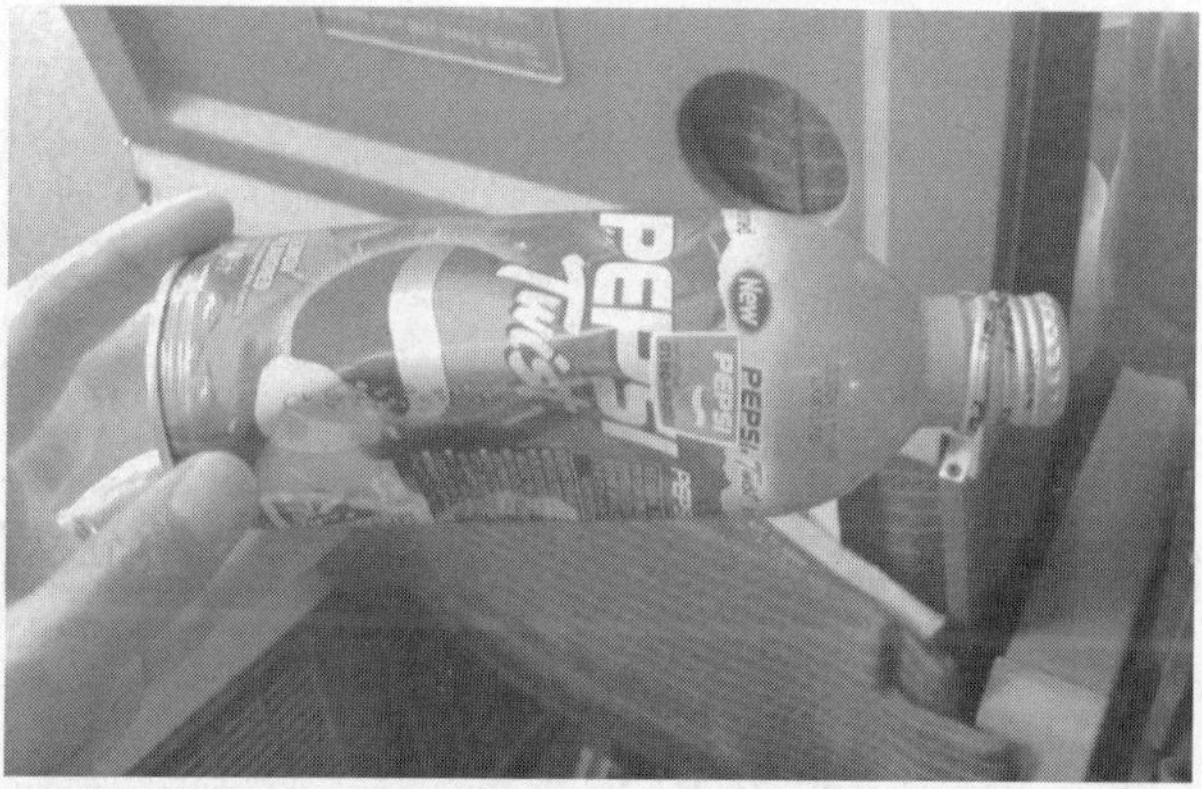

上空で飲み干したアルミ缶飲料のキャップをきつくしめておくと、着陸時にはご覧のとおり。これがわずか0.15気圧の空気の力だ。胴体にはさらに大きな力が加わっている。

悪くなることもある。上空では酒の酔いも地上の三倍は早くなるという話だが、まあガマンできないほどではない。少なくとも死んでしまうよりはマシである。

ちなみに上昇や下降のときに耳がツンとした場合には、唾を飲み込むなどして耳抜きをすればよいが、乳幼児にはそれがうまくできない。こんなタイミングで泣き叫ぶ子供の何割かは、そうした苦痛によるものと思われる。まあ泣けば耳抜きもできるだろうが、ちょっとかわいそうだし親も（もちろん周囲の乗客も）疲れる。だから子連れで旅客機に乗るときには、あらかじめミルクやジュースなどを用意して上昇や下降のタイミングで飲ませるとか、あるいは少し大きくなったらキャンディーやグミなどを与えると自然に、幸せな気持ちで耳抜きができる。もちろん大人でも耳抜きの苦手な人は、キャンディーなどをなめ

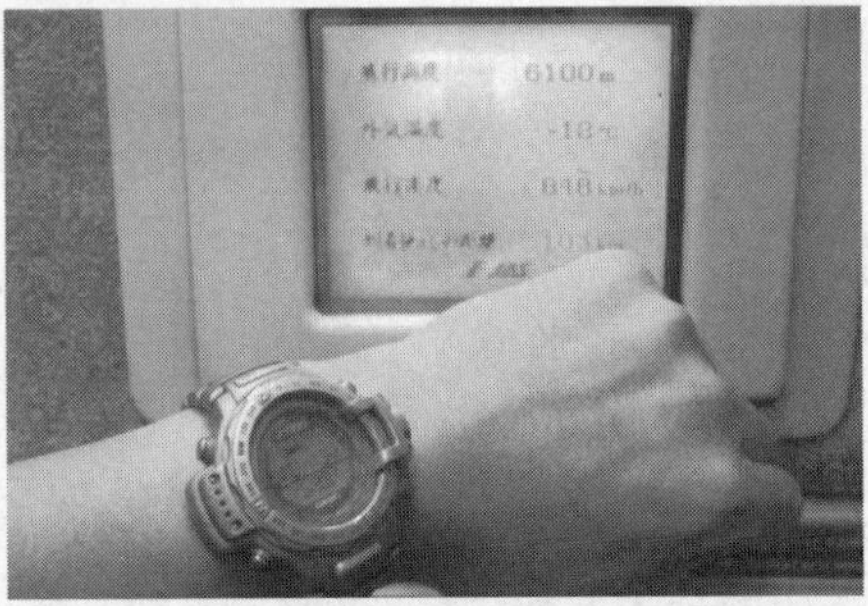

最近は飛行高度を表示する旅客機も多い。高度計つき腕時計があれば、その差から胴体にかかる力を計算できる。

るといいだろう。ときどき着陸前にキャンディーを配る航空会社があるのは、こうした配慮のためである。

で、子供を泣かせてまで旅客機が一万メートルもの高々度を飛ぶのは、その方が空気抵抗が小さくて効率がいいからである。人間でもプールの中を歩くのは大変だが、それと同じく旅客機も低空の濃い空気の中ではスピードは出せないし燃費も悪くなる。実際に高々度ではマッハ二（音速の二倍）で飛べるのが自慢のジェット戦闘機でも、地上付近では音速以下でしか飛べず、そのうえ燃料はどんどん消費されるからロクなことはない。さらに低空よりは高空の方が悪天候や乱気流の影響を受けにくく（なにしろ、ほとんどの雲よりも上なのだ）、より快適なフライトができるというメリットもある。

もちろん旅客機では、ただ機内に圧力をかけてやるだけなく、空気の温度も調整してやらなければならない。なにしろ高度一万メートルの高々度では、外気温度はマイナス五〇度くらいまで下がる。そのままでは凍え死んでしまうだろう。一方で、着陸した先が常夏のハワイあたりだと、機内は耐えがたい暑さになる。日本だって夏場に空港に一時間も旅客機を停めておけば、機内は蒸し風呂状態になる。かつて南西航空（現ＪＴＡ）で飛んでいた国産旅客機ＹＳ‐11では機内にウチワが備えられていたが、やっぱり本格的なエアコンなしには旅客機なんかに乗っていられない。もちろんＹＳ‐11にもエアコンはついていたのだけど。

エアコン

せっかく窓側の席をとったのに、窓がついていない席がある。実は、この壁の中にはエアコン用のダクトが通っている。高度一万メートルの上空では、外気温はマイナス五〇度。ここを通る温かな空気が機内全体を快適にしてくれているのだ。

旅客機にはどんなエアコンがついているのだろう。少なくとも家庭用エアコンのようなものが壁につけられているのは見たことがない。おそらくは天井裏をのぞいて見ても、エアコンらしきものは発見できないだろう。あるいは列車のように、屋根にエアコンを載せている様子もない。実は旅客機のエアコンは、エンジンが兼ねているのである。ここからちょいと空気を抜き出して、途中で適当に温度を調整したうえで客室に送り込んでいるのだ。

翼の付け根付近に開いているのがエアコン用の冷却用空気取り入れ口。エンジンから導いた高温高圧の圧縮空気を外気を使って適度に温度調整してキャビンに送り込む。

「どうりでときどき旅客機の中が排気ガス臭くなる」と思い当たる人もいるかもしれないが、排気ガスを客室に送り込んだら、臭いどころか酸欠かガス中毒でダウンしてしまう。エンジンから抜き出すのは、燃やす前の圧縮しただけの空気である。にもかかわらず排気ガスの臭いがすることがあるのは、空港で離陸待ちの行列なんかを作っているときに、前にいる旅客機の排気ガスを吸い込んでしまうためだ。上空に行けば、まず排気ガスの臭いがすることはない（したら、何か異常が起きている可能性がある）。

ジェットエンジンを前から見ると、筒の中に巨大なファンが見える。羽根数の多いプロペラみたいなものだけど、エンジンの中にはこれが何段もあって前方から吸い込んだ空気をどんどん圧縮するようになっている。そうして圧縮した空気に燃料を混ぜて燃やしてや

旅客機のお尻に開いた穴はAPU（補助動力装置）の排気口だ。最近は環境に配慮して停止させている時間が長くなった。

ると、空気は猛烈な勢いで膨張しながら後方に吹き出す。その反動で旅客機は前に進むことができる。

この燃やす前の空気はギュッと圧縮されているから、客室に圧力をかけるにも具合がよい。また断熱圧縮によって燃やす前から温度も高くなっているから、たとえ気温マイナス五〇度というような寒さの中でも熱い空気が得られる。もちろんそのままでは熱すぎるし圧力も高すぎるから、途中で膨張させたり外気にあてたりして冷ましながら（そのための空気取り入れ口は主翼付け根の胴体あたりにある）適当な気温、気圧になるようにして客室に送り込むのである。

よくできた仕組みだが、途中で空気中に含まれていた水分がほとんど失われてしまうのが欠点である。おかげで旅客機の機内は、砂漠のように乾燥している。とりわけ長距離便の旅客機に乗る場合は、積極的に水分を摂取して肌の保湿と健康に配慮した方がいい。

▲APUを修理する整備士。推力は発生しないが小型のジェットエンジンと考えてもよく、約1000馬力ものパワーを発揮する。空調、発電、エンジン始動と多彩に活躍する。▼客室の温度は、1次的にはコクピットで、さらに微調整は客室のコントロールパネルから行なうことができる。ある程度はゾーンごとに別々の設定をすることもできる。

またジェットエンジンから空気を供給するということは、ジェットエンジンが停止している地上ではエアコンも効かないということでもある。そこでジェットエンジンが停止しているときには、地上からダクトをつないだり、あるいは旅客機に搭載された小さなエンジンを運転してエアコン用の空気を供給するようにしている。

この小さなエンジンはAPU（補助動力装置）といい、たいていの旅客機では胴体後端の細くなった部分に収められている。旅客機の胴体後端には小さな穴が開いていて、そこからシュウシュウと熱風が出ているのを見たことある人もいるはずだ。この穴がAPUの排気口である。

APUはガスタービンエンジン、つまり基本的にはジェットエンジンと同じ原理のエンジンで、燃料も同じである。その出力はボーイング747クラスの大型機に搭載されているものでは一〇〇〇馬力ほどにもなり、これは昔の零戦やF・1レーシングカーに匹敵する。ただしAPUは旅客機を前進させるための力としてはまったく使われず、ひたすら圧縮空気を供給したり、発電機を回したり、あるいは油圧の動力源として（これらも飛行中はジェットエンジンの役目となる）使われるだけである。

ちなみにAPUから供給される圧縮空気は機内のエアコン用としてだけでなく、ジェットエンジンの始動用としても使われる。ジェットエンジンでも自動車のエンジンと同じように始動するときにはスターターで空転させてやるが、そのためには自動車のような電気モーターではなく圧縮空気を使う。その圧縮空気を、APUから取るのである。

内装材がない貨物型747の天井。中央がエアコン用の配管で、左右へのタコ足がエンジンからの空気ダクト。旅客型ではこのダクトの通っているところが窓なし席となる。

だから旅客機の出発時、エンジンをかけるときにはエアコンの空気の流れが一時停止して客室が妙に静かになる瞬間があるはずだ。これはAPUの空気をジェットエンジンの始動に使うために客室への空気をとめるためである。いったんジェットエンジンが始動してしまえば、今度はそちらからエアコン用の空気が供給されるようになるため客室への空気の流れも復活する。また同じように出発前に機内の電気が一瞬消える（ちらつく）ことがあるが、これはそれまでAPUから供給されていた電気をジェットエンジンからの電気に切り換えるためである。こうしてすべての空気や動力の供給をAPUからジェットエンジンに切り換えてしまったならば、APUは停止させてしまう。

ちなみに客室内での空気は、基本的には上から下へと流れる。けっこう足元がスウスウすることもあるが、主たる送風口は天井にある。ところが空気を供給するジェットエンジンは客室よりも下にあるから、どこかにエアコン用の空気を床下から天井裏まで通すダクトが必要になる。

とはいえ客室にはダクトを通せるような柱はないし、ギャレーやトイレにもそうしたスペースはない。とすると壁の中を通すしかないが、窓と窓の間には構造材が通っていてダクトには不都合である。そこで仕方なくいくつかの窓をつぶし、そこにエアコン用のダクトを通すようにしている。主翼の下についたエンジンから抜いた空気を送るのだから、こうしたダクトはたいてい主翼付近にある。せっかく外の景色を眺めようと窓側の席に座っても、いざ座ってみると壁には窓がないという経験をするのは、こんなところに原因があったのだ。

第2章 旅客機の安全性

安全のしおり

旅客機の座席ポケットに入っている、緊急時の心得を書いたカード。シートベルトとともに新幹線には備えがないことを考えると、やっぱり旅客機の方が危ないらしい。なんだか大変と目を通してみるが、これでは説明というより連想クイズみたいじゃないか。

旅客機に乗り込み、自分の席に腰をおちつけたならば、さっさと靴を脱いでリラックスしてしまうという人は少なくない。僕も上空で靴を脱いでしまうのは好きだが、離陸するまでは脱がない。いうまでもなく、事故に備えるためだ。

航空事故のほとんどは離着陸時に集中している。そしてもし緊急脱出の必要な事態になったならば、靴を脱いだままでは素早く逃げる自信がない。もちろん一刻を争う状況では、靴

97　安全のしおり

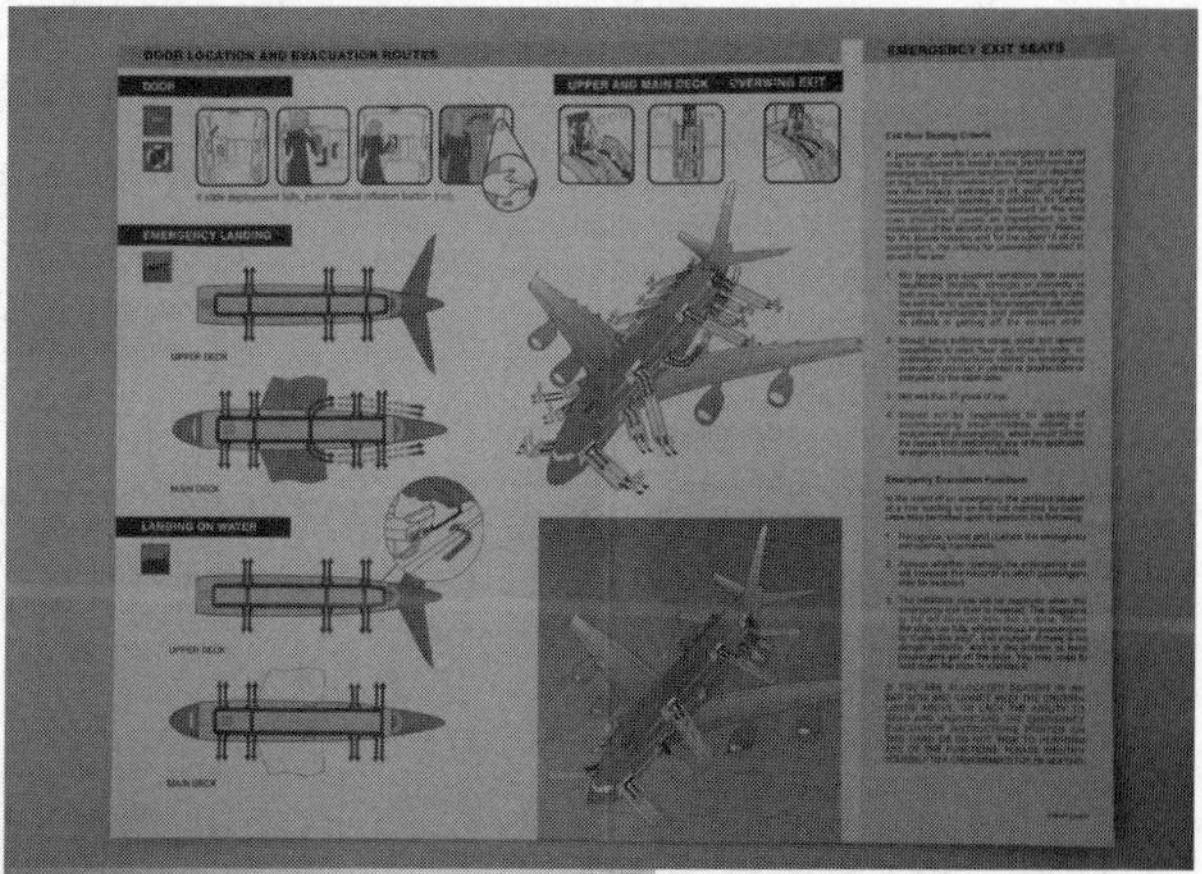

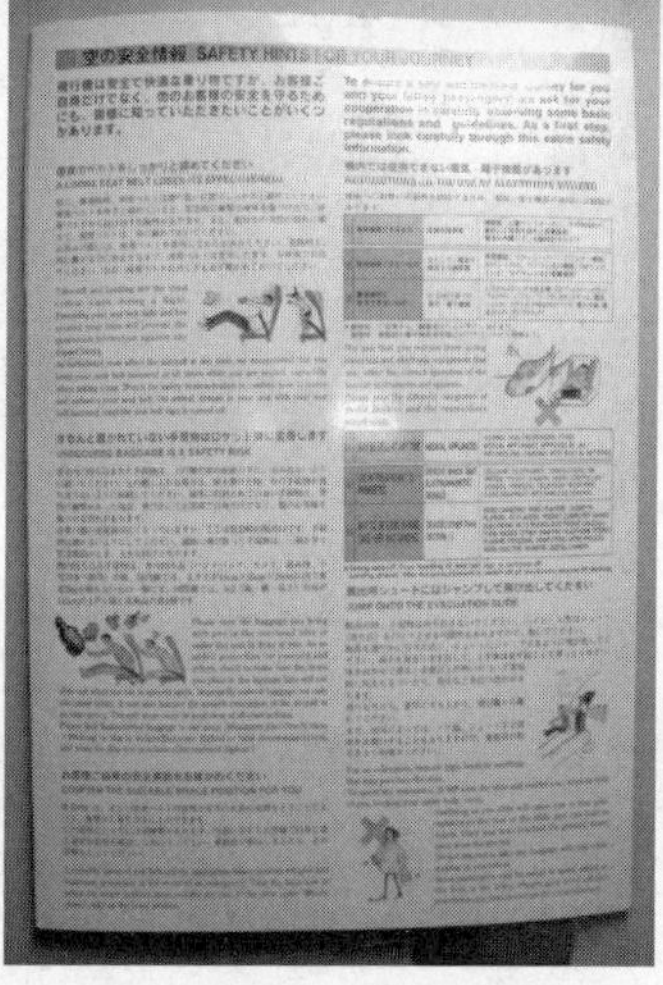

▲文字のないマンガみたいな「安全のしおり」。▼ところが最近はびっしりと説明の入ったものも増えてきている。

をはきなおす余裕もないだろう。だから、せめて無事に離陸したことが確認できるまでは靴を脱がず、着陸態勢に入る前にはまたしっかりとはきなおす。もちろん靴ヒモだけでなく、気持ちも引き締める。

ちょっと神経質に思われるかもしれないが、僕だって旅客機が事故を起こす確率は自動車などよりずっと低いことは知っている。また、いったん事故が起こってしまったならば靴をはいていようが脱いでいようが同じように死んでしまうかもしれないという気持ちもある。だが、これまですべての航空事故で乗客全員が死んでいるわけではないというのも事実だ。生存者リストに名前を連ねるにはかなりの運が必要であるにしても、そんな運を、ただ靴をはいていなかったからというようなくだらない理由で逃したくはない。だから僕は離陸するまでは靴は脱がないし、そのほかにも少しばかりの安全対策を心がけている。

自分の身は自分で守る。ある意味では、旅客機ほどこんな言葉がむなしく思える乗り物はないかもしれない。自分で操縦するわけではないのだし、高度一万メートルから落ちたらまず助かりそうにない。離着陸のときには高度も低く速度も遅いが、それでも軽く時速三〇〇キロ以上はでている。これはスカイダイビングでパラシュートを開く前の落下速度（時速約二〇〇キロ）よりもずっと速い。パラシュートを開かずに地面に激突したらまず助からないのだから、旅客機で事故にあったら助かるのはかなりむずかしいだろう。だが、それでも多くの航空事故には生存者がいる。ならば僕にだって、もちろんあなたにだってチャンスはあるはずだ。

かつて話題になった「危ない飛行機が今日も飛んでいる」という本（メアリー・スキアヴォ著。草思社）では、航空事故から身を守るためとしてまず問題とされる航空会社や地域を実名であげ、これらを避けよと書かれている。さらに逃げやすい座席を選び、航空券はなるべくクレジットカードで買うように書かれている。クレジットカードで航空券を買ったところで安全性が向上するわけではあるまいが、もし航空券を買ったあとでその航空会社が倒産しても、クレジットカードならば払い戻しが受けられるというのがその理由だった。うむ、やっぱり安全とはあまり関係なさそうだけど、それ以外のアドバイスはまあまあ的確ではないかと思う。

ところが、この本のとおりに実行しようと思っても現実は厳しい。僕らがよくお世話になる格安ツアーでは航空会社や座席を選べず、支払いにクレジットカードを使えないことも多いからだ。もちろん「多少高くても、航空会社や座席の選べるツアーを選べばいい。金と命の、どちらが大切なのか」と問われれば、たいていの人は「命」と答えるだろう。「ならば、航空会社も選べないような安いツアーに参加するよりも家で寝ていた方がよい」と言われれば、「正論でございます」と頭を下げてしまうかもしれない。だけど、やっぱり少しでも安く旅したいというのも人情だ。そして、そんなリスクを承知で旅客機に乗るならば、せめて金のかからない安全対策くらいはしっかりした方がいい。だが、どんなことができるのだろう。

ここで頼りにできるのが、旅客機のシートポケットに入っている「安全のしおり」だ。も

離陸前に緊急時の手順を実演する客室乗務員。見ている人は少ないが、自力でライフベストを着る自信はあるか。

ちろん実際には、貧乏旅行者だけでなく金持ちの旅行者も、この内容は熟知しておく必要がある。また出発前にはビデオや客室乗務員によるセーフティーデモンストレーションがある。基本的にはこれらをよく見て、よく理解して、必要とあらば実行する。それが旅客機で旅行するときに、乗客にできる安全対策のほとんどである。

ところが「安全のしおり」は、たいていセリフなしのマンガみたいに作られている。乗客の語学力になるべく依存しないように、文章を極力省くようにしているからだ。おかげで英語のわからない人が外国の航空会社を利用してもある程度は理解できるが、英語の堪能な人にもある程度しか理解できないという欠点がある。

また「安全のしおり」を持ち帰ってじっくり読んでみようと思っても、これは「機内備

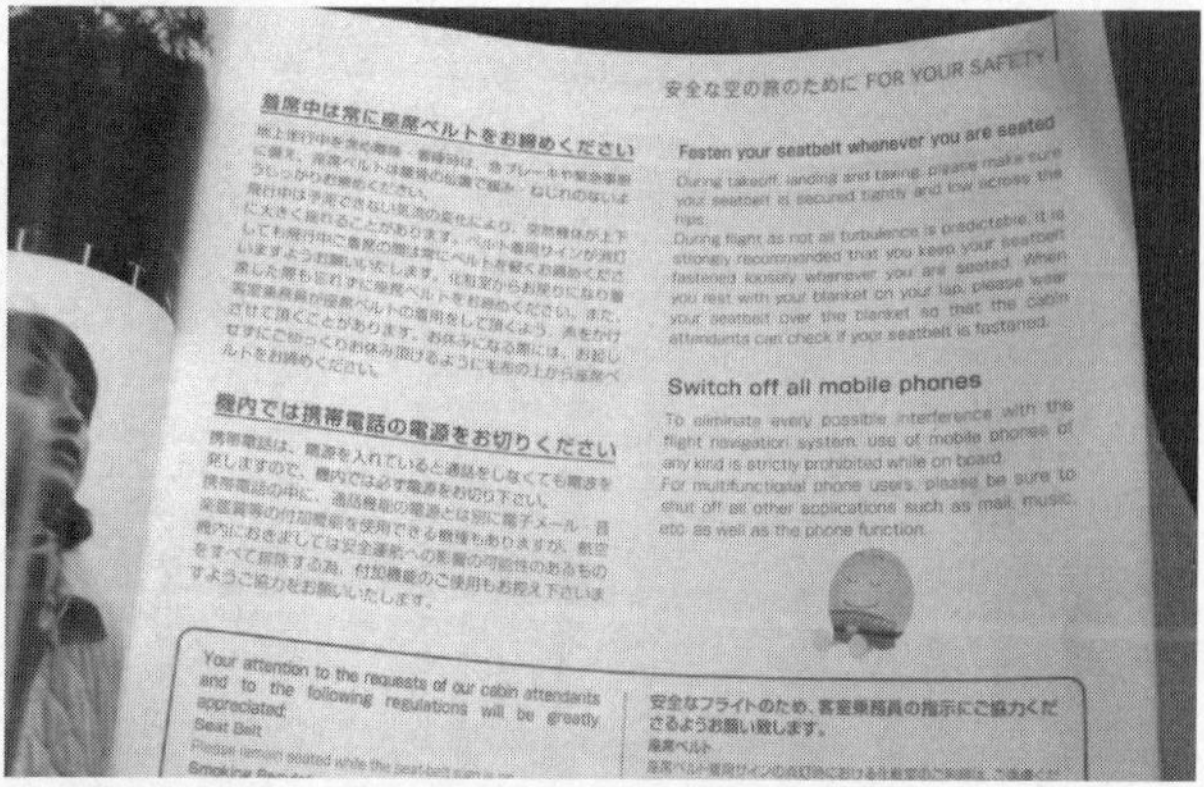

「安全のしおり」は持ち帰れないが、機内誌は持ち帰ってもいいことになっている。ここにも安全のための情報が書かれているが、なんだか漠然としていて面白くない。

品」であり「持ち出さないで下さい」と書かれている。あなたが持ち帰ると、次の人が脱出に必要な知識を得ることができず、それが原因で死ぬかもしれないからだ。だけど乗客に知っておいてもらいたいことが書いてあるというならば、持ち帰ったっていいじゃないかと思う（ちょっとした旅の記念になるし、暑いときにはウチワにもできるし）。

もちろん補充のためのコストや手間の問題もあるだろう。ホームページを見てもらえば、親切にいろいろと書いてありまっセといわれるかもしれない。しかし、もっと金のかかっている機内誌に「ご自由にお持ち帰り下さい」と書いてあるのだから、やっぱり何とかできるんじゃなかろうか。なんなら「安全のしおり」に広告を入れたっていいし（やっぱ保険会社かなあ）フライトごとの補充が面倒だというならば、座席ポケットの中に差し込んでおくものとは別に持ち帰り用のものを用意してくれてもいい。

また「安全のしおり」を補うのが離陸前に上映されるビデオなどだが、これも十分とはいえない。どうしろこうしろと指示されるだけで、その理由まではくわしく説明されない。だからあまり説得力がなく、頭にも残らない。

そこで、この章では僕なりに考えた「安全のしおりのワケ」を書いてみたい。ひょっとしたら航空会社から「いや、実はこれはこういう理由でこうしているんだ」とか「もっと、こうしてくれた方がよいのだ」とかいう反論があるかもしれない。そういうのは大歓迎である。僕らに必要なのは、まさにそうした当事者からの役に立つ言葉なのだから。

ボーイング767

シートベルト

離陸してシートベルト着用のサインが消えるとともに、機内のあちこちから聞こえてくる金属音。世の中にはベルトの嫌いな人がたくさんいるらしい。レストランで食事するときにベルトをゆるめる人も、けっこういる。どちらもあんまりカッコよくない。

シートベルトは機内で安全を守る最も基本的な器具だ。その目的は衝撃と揺れからあなたを守ること。飛行中は、立っているとき以外は、ずっと締めておいた方がいい。

もちろんシートベルト着用のサインが消えても、トイレに行くときなど以外は締めておくのが基本である。ベルトサインの消灯は「外してもいいですよ」ではなく「ゆるめてもいいですよ」という程度に解釈すべきだ。

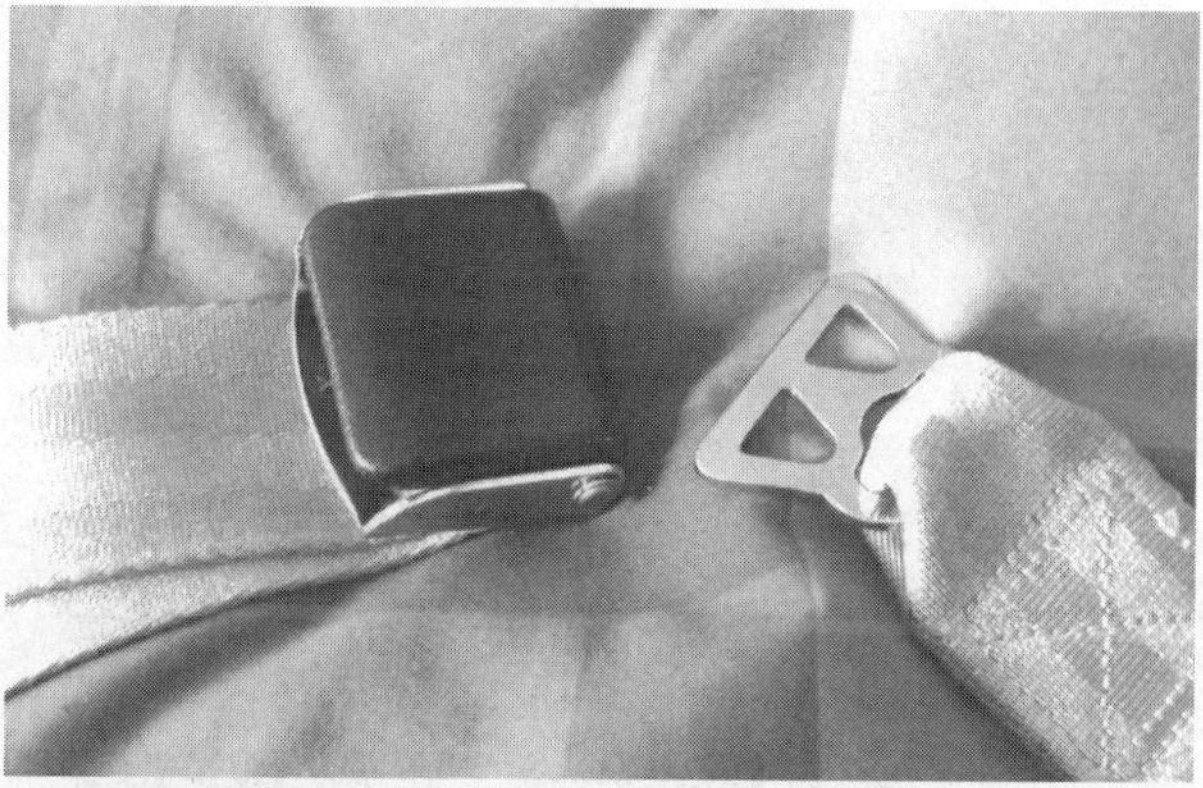

エアバス機のシートベルト。メーカーごとに少しずつ形は違うが、使い方は同じである。ベルト着用のサインが消えてもゆるめる程度にしておくのが基本だ。

締め方も大切だ。特に離着陸時には座席にぴったりと背中をつけて座り、腰骨の低い位置にしっかりと（ゆるみのないように）シートベルトを装着する。背の低い人は座席に背中をぴったりとつけると足が床に届かないかもしれないが、それでもかまわない。大きな衝撃が加わったときには、どうせ足を踏ん張ってもほとんど意味がないのだ。ただベルトだけが、あなたの体が吹き飛ばされるのを防いでくれる。またベルトを腰骨ではなく腹に締めると、強い衝撃が加わったときに内臓を損傷し、最悪の場合は胴がちぎれてしまう。しっかりと低い位置に装着するようにしたい。

そしてベルトサインが消えたら、シートベルトは腰をずらしてリラックスした姿勢をとっても圧迫感を感じない程度までゆるめてもよい。これでは衝撃から体を守る役割はほとんど果たせないが、自動車と違って急ブレー

客室乗務員用のジャンプシートは衝撃に備えた後ろ向き座席に４点式シートベルトが基本だ。だけど、どうして乗客用はこういう座席にしないのだろう。

キもかけられず、衝突するもののほとんどない旅客機ではそれで十分だ。まれに他の飛行機と衝突する可能性がないわけではないが、その場合はシートベルトを強く締めていてもあまり役にはたたない。だから上空では、不意の乱気流などで体が浮き上がらない程度にシートベルトを締めておけばよい。

たとえ高度一万メートルもの上空を飛んでいるときでも、不意の乱気流に遭遇するというのは珍しいことではない。雲（たいてい中は気流が悪い）でもあればパイロットも事前にベルトサインを点灯して注意をうながすことができるが、雲ひとつない快晴の空にも乱気流は潜んでいる。こんなときには、パイロットでさえ不意を突かれる。

大きな乱気流では体が浮き上がって頭で天井を突き破ることもあるし、浮き上がった体はいずれ落ちることも覚悟しなければならない。落ちるときに、元どおり座席に軟着陸できると考えるのは楽観的すぎるだろう。おそらく座席の背や金属製のひじ掛けに叩きつけられ、最悪の場合は致命傷を負う。だが、ゆるめでもシートベルトを装着していれば尻を浮かせて悲鳴をあげる程度ですむ。

もちろんシートベルトは睡眠中も装着したままにしておく。毛布をかぶるときには、毛布の上からシートベルトを締める。これはパイロットがベルトサインを点灯したときに、見回りの客室乗務員があなたがシートベルトを装着していることを確認できるようにだ。そうしなければ、せっかく気持ちよく寝ているところを起こされて、「シートベルトはお締めですか」なんて聞かれることになる。ガラガラのエコノミークラスでは、何席かを確保してひじ掛けをハネ上げ、そこでゴロリと横になれることもあるが、こんなときもシートベルトで体を巻くように固定すること。ちょっと寝苦しくなるけど仕方ない。

安全姿勢

座席の背を立てろ、テーブルをしまえ、荷物を足元に置くなと、着陸前の客室乗務員はこうるさい。だけど、こうしたひとつひとつには理由がある。ちゃんとしないと、まわりの人を殺すことになるかもしれない。あるいは殺されることになるかもしれない。

離着陸時にはシートベルトをしっかりと締めるだけでなく、座席の背を立て、出したテーブルなどを元に戻すようにも指示される。テーブルを収納するのは、それがあなたにダメージを及ぼす可能性を減らすため、そして衝撃が一段落したあとの脱出を容易にするためだ。

旅客機が離着陸時に何か衝撃を受ける可能性があるとしたら、それはたぶん激しく地面に叩きつけられるときである。機首を上げすぎて完全に速度を失い後部から地面に突き刺さる

申し訳程度にしかリクライニングしないエコノミークラスの座席でも、倒したままでは後席のスペースを圧迫する。これでは後ろの席の人は素早く避難することはできない。

という可能性もないではないが、たいていは前からぶつかっていくことだろう。すると、たぶんあなたの体はシートベルトを支えに思い切り前方に投げ出されることになる。そんなとき前にテーブルが出ていたならば、それが凶器になる可能性がある。運よく軽傷ですんだとしても、テーブルが出たままでは逃げるのに邪魔になるだろう。

また座席の背を立てるのは、まずは後ろに座っている人の安全のためである。ただでさえエコノミークラスの座席間隔は狭い。そのうえ背もたれをリクライニングされては、目の前に座席の背がくる。クッションで覆われているとはいえ、こんなところに頭を強打したくはないものだ。しかも脱出しようにも、前席をリクライニングされていては苦労する。どうせ飛行機事故にあったら助からないという覚悟を決めているあなたでも、前に座っている無神経な乗客のせいで逃げ遅れて死ぬのは癪だろう。

それから座席の背を戻すのは、あなた自身の安全のためでもある。後ろの人のためだけならば、後ろに乗客のいない最後部席や前後間隔が十分に広いファーストクラスなどでは関係ないように思える。

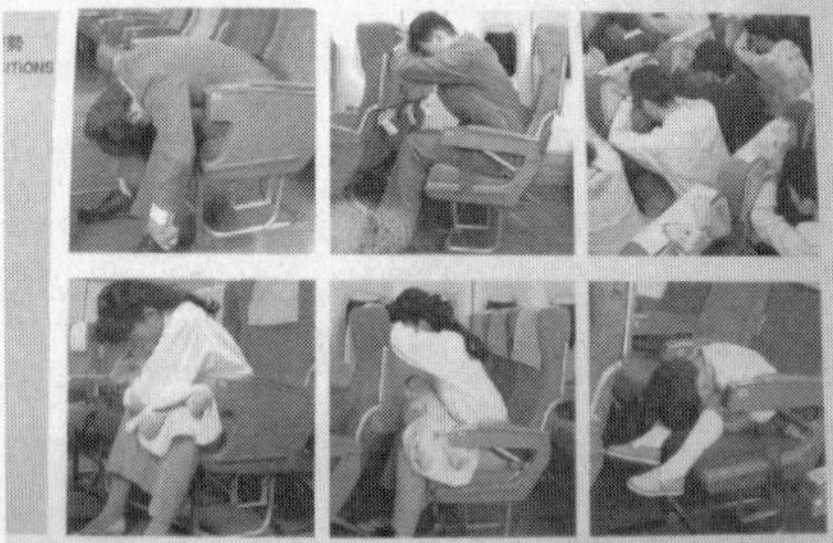

▲安全のしおりに書かれた安全姿勢。前方に投げ出される衝撃を抑えるために、あらかじめ上体を前に倒しておく。▼ヴァージンのチャイルドシート。子供用の補助ベルトを用意している外国会社もあるが、日本ではまるで見ない。

しかしリクライニングさせた座席に座ったまま前方への大きな衝撃を受けると、体がシートベルトの下に潜りこんでしまう危険がある。そうならなくても、最初から上半身が後ろにあったぶんだけ前方に投げ出される勢いが増して衝撃が大きくなる。

これと反対の姿勢が、いわゆる安全姿勢である。これは座席に深く座り、シートベルトを腰骨の低い位置でしっかりと締めたうえで上半身を前かがみにし、自分の足首のつかめる人はそのようにする。足首をつかむには座高が高すぎて前の座席の背が邪魔になったり、あるいは体が固くて足首まで手が届かないという人は、頭をかかえて前の座席の背につける。これは決して楽な姿勢ではないが、あらかじめ上半身を前に倒しておくことで、前方へ投げ出される衝撃を最小限にできる。

このようにシートベルトは、空の旅で乗客の安全を守る最も基本的な装備である。簡単すぎるけれども、とにかくこのベルト一本が文字どおりあなたの命綱となる。

一方で、旅客機にはこんな簡単なベルトの恩恵さえも受けられない乗客もいる。それは乳幼児である。乳幼児はシートベルトではなく、保護者が抱いて確保することになっているからだ。

日本でも自動車用チャイルドシートの義務化にともない、母親に抱かれただけの子供がいかに危険にさらされているかがしきりと啓蒙されるようになった。だが航空局や航空会社には、こうした情報は届いていないのではないかと思われる。そうでなければ自動車のチャイルドシート義務化に対しても、「子供の安全は保護者が抱っこしているだけで確保できる」などと反論しているはずだ。

アメリカでは連邦航空局から認可された自動車用チャイルドシートがあるので、座席をひとつ確保してこれを装着することも可能である。しかし、そうしたチャイルドシートがどの航空会社の座席にも正しく装着できるのか僕は知らない。またその装着をめぐり、航空会社とトラブルになる可能性も否定できない。

僕が直接見たところでは、イギリスのヴァージン・アトランティック航空がチャイルドシートを用意しているし、他にもチャイルドシートを用意する航空会社が少しずつではあるけれど増えつつある。これは子供用に安物のオモチャをプレゼントしてくれるよりいいサービスだと思う（しかもヴァージンは子供用のプレゼントも充実させているのだ！）。

エアバスA330

ドアの開け方

乗客は旅客機のドアの開け方を覚える必要がある。だけど航空会社は、乗客にドアを開けてもらいたくないと思っている。大人になると、いろいろな矛盾を経験する。あとは自分の心の中で折り合いをつけるしかない。僕は、ドアを開ける覚悟でいる。

乗客は、旅客機のドアを勝手に開けることはできない。それでも旅客機のドアの開け方を覚えておくのは大切なことだ。その証拠に、「安全のしおり」にはドアの開け方が明記されている。ここに書かれていることは、乗客が理解し、また実行できる必要があるはずだ。

だが航空会社は、「万一のときには、ぜひドア開けてください」とはあまりいわない。「私は開けられます」といって、露骨に困ったような顔をされることもある。その理由は、原則

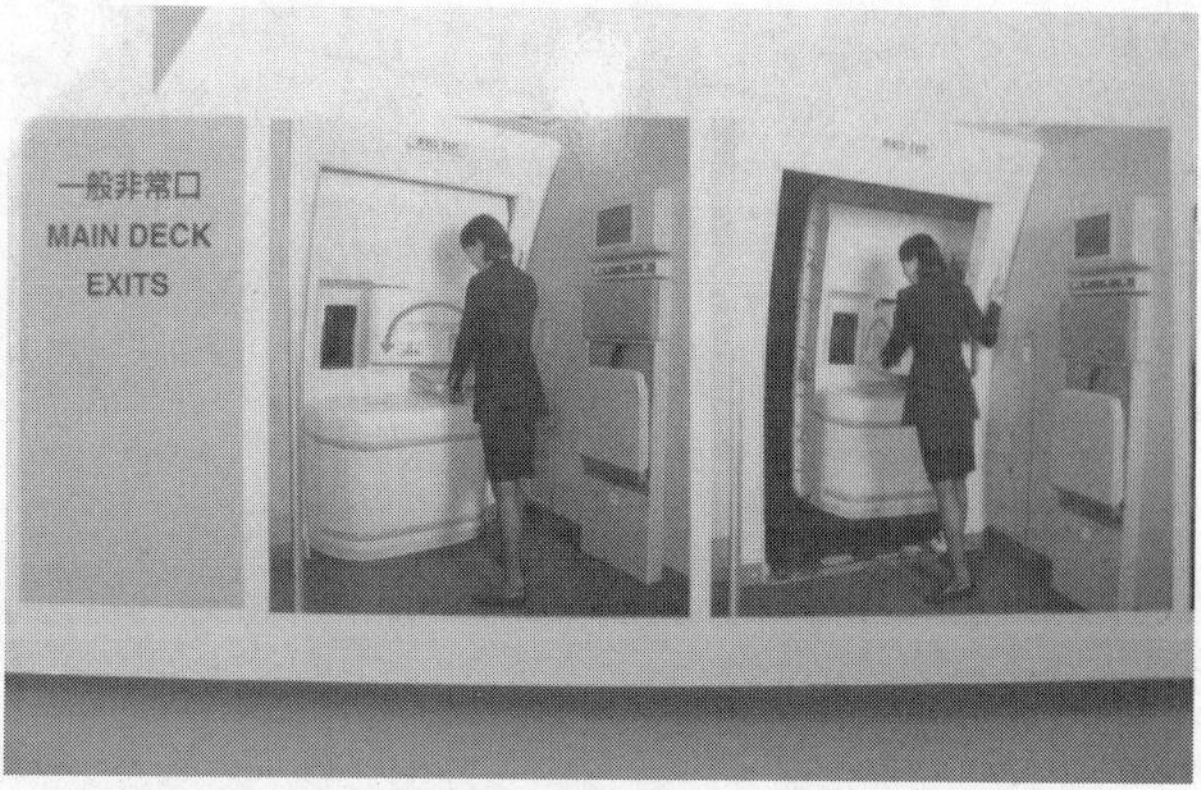

安全のしおりにはドアの開け方が書かれている。覚えろということだが、本気で開けてほしいわけではないらしい。

としてドアは客室乗務員が開けることになっているからだ。

一刻も早く機外に脱出しなければならない緊急時でも、ドアを開けるのは客室乗務員に任せよという。

乗客にもドアは開けられるかもしれないが、「開けてもいいかという判断」はできないだろうというのがその大きな理由である。

たとえばドアの外で火災が発生しているような場合、不用意にドアを開けると炎が機内に吹き込んできて被害を大きくする危険がある。そこで客室乗務員は事前に窓の外を確認し、開けてもいいと判断したときだけドアを開けることになっている。

あるいは航空会社によっては、客室乗務員といえども機長の指示がなければドアを開けてはならないとされているところもある（事故の第一撃で機長が死んでしまったらどうするのだろ

翼の上にある小型の非常脱出口。こうした脱出口には客室乗務員がつかないのが基本なので、乗客が開けるしかない。ちなみに翼は燃料タンクになっている。火災に注意。

う。あるいは一九八二年二月に羽田沖に墜落した日本航空ダグラスDC-8は機首がモゲた。これでは機長が指示を出すどころではなかろう。ましてこのときは機長の精神が病んでいたのが事故原因だったのだ)。

航空会社は本音では乗客にドアを開けてほしくはないのに、「安全のしおり」にドアの開け方が書かれているのは、乗客が客室乗務員の指示でドアを開けなければならない場合もあるし、客室乗務員が指示さえ出せない(死んじゃうとか)場合もあるからだ。

だが個人的には、もっと積極的にドアを開けるつもりである。客室乗務員がドアを開けるといったって、客室乗務員の数がドアの数より少ないことだって珍しくないのだ。すぐ近くにドアがあって、そこに客室乗務員がいなければ、僕はいつまでも待たない。いや客室乗務員がいたとしても、その様子次第(ト

機内から見た翼上の非常脱出口。外側に開くものと、取り外して逃げるものがある。後者の場合は余裕があれば記念品に持ち帰るか。

口そうだったり、パニックに陥っていたり）では自分で勝手に外の安全確認をしてからドアを開けるつもりだ。訓練されているとはいえ、ほとんどの客室乗務員も「本番」は初めてのはずだ。本当に訓練どおりに行動できるかは未知数である。客室乗務員を信用しないわけではないが、「最後まで、あの世まで信じていきます」というほど盲信するつもりはない。

また旅客機によっては、翼の上に小型の非常口（ドアというよりは抜け穴という感じ）がついている。これは基本的にその場所に座っている乗客が開けざるをえない。ここに座る場合は、外の安全確認も含めてより明確な知識と覚悟が必要である。僕にも覚悟はあるが、なにぶん一度も開けた経験がないというのが不安要因である。本気で乗客の手を借りようとするならば、せめて出発待合室に練習用の非常口でも用意しておいてくれればいいのにと思う（新しいボーイング737NGでは外側上方にハネ上がるようになっているが、それ以外は非常口を取り外して開ける。それがけっこう重いのだ)。それがない現状では、「安全のしおり」をよく読み、また客室乗務員のドア開閉操作の見える席ならばそれをじっくりと眺めて覚えるしかない。

そういえば一九九三年四月に、日本エアシステムのDC-9が花巻空港で強烈な下降気流に巻き込まれてハードランディング、炎上したときの報道には、少なくともドアのひとつは客室乗務員の制止をふりきるような形で開けられたという乗客のコメントがあった。ぐずぐずしていたら逃げおくれていたというようなコメントである。おそらくその客室乗務員は、機長の指示を待つか外の安全確認に手間取っていたのかもしれない。そして乗客は、外の安全なんか確認しないで、とにかくドアを開けようとしたのかもしれない。このときは幸いに押し切った乗客の方が脱出を早めることになったが、もちろん逆の事態になった可能性も高い。ドアを開けるというのは、けっこう大変なことなのである。

ボーイング747

スライドシュート

旅客機から脱出するときには、タラップなんか待っていられない。だから空気展張式の滑り台を滑り降りる。しかしボーイング747のアッパーデッキは高さ九メートル。怪我をしたくない人、そして老人や子供連れはアッパーデッキには乗らない方がいい。

平常時と緊急時のドアの開き方で大きく異なる点は、緊急時にはドア開放と同時に脱出用のスライドシュート（空気で膨らませる滑り台）が展張するということだろう。旅客機の出発時と到着時には「乗務員はドアモードを変更して下さい」などと業務放送され、そこで客室乗務員はドアのレバーをガチャンと倒している。これがスライドシュートのセット（アーム）と解除（ディスアーム）で、セットされたあとはドア開放と同時に自動的にスライドシ

主翼の上に非常脱出口からの脱出経路が矢印で示されている。夜間の脱出に備えて、ここを照らすライトを胴体に埋め込んでいる旅客機もある。

ュートが膨らむ。緊急時にはタラップを用意している暇なんかないから、ここから滑って旅客機から逃げるのである。

もし自動的にスライドシュートが膨らまない場合は、たいていバックアップの展張装置があるから、それを試みる。その方法は機種ごとに異なり、「安全のしおり」にも書かれていないことが多いので、その場で捜して（足元などにわかりやすくタグなどで示されていることが多い）トライし、それでも駄目ならば別のドアから脱出する。脚が壊れて床から地面までの高さが低くなっていれば話は別だが、そうでなければ旅客機の床は飛び降りたら致命傷を負うほど高いからである。

シュートが膨らんだならば、思い切って滑り降りる。軽くジャンプするように飛び出し（だが必要以上に遠くまで飛ぶと、むしろ危険だ）、手を前に突き出して前傾姿勢で滑るのが理想だ

747の客室は約5メートル、アッパーデッキは約9メートルもの高さ。シュートを使っての脱出にも危険をともなう。

が、普通の滑り台のように最初から座って滑ってもよい。

軽くジャンプしろというのは、その方が早く大勢の乗客が逃げられるからである。だから航空会社によっては、離陸前の安全ビデオなどでわざわざ「座って滑らないで下さい」などといっている。だけど旅客機の床というのはかなり高いから、多くの人は脱出の瞬間にためらうはずだ。もし座ることによって少しでも恐怖がやわらぐならば、僕は最初から座って降りてもいいと思う。サッサと座りさえすれば、あとは後ろの人が突き飛ばしてくれる。機内に残っていて逃げ後れたら死んでしまうかもしれないのだから、グズグズしていて突き飛ばされたからといって文句はいっていられない。そして座っていれば、立ったまま突き飛ばされるよりはケガをする可能性も小さいだろう。

滑っている間に前傾しろというのは、スキーと同じで後傾姿勢では勢いがつきすぎ、また

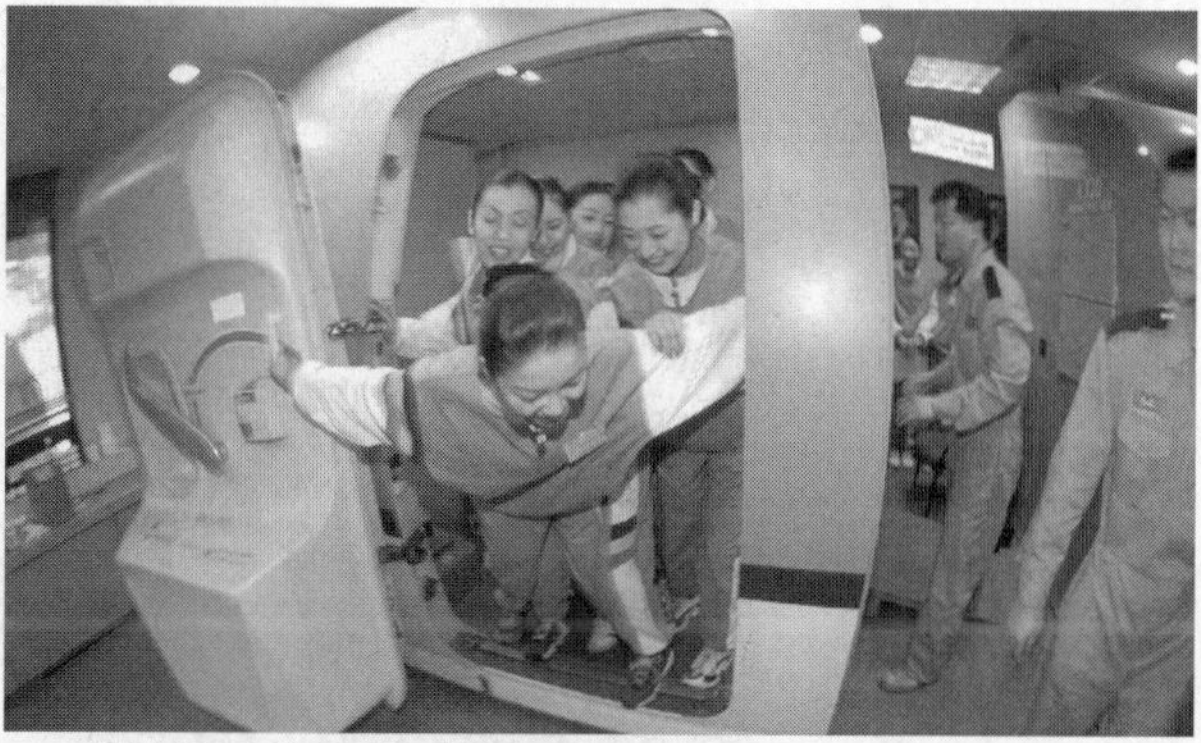

航空会社での脱出訓練。殺到する乗客に押されて、スライドシュートが完全に展張する前に押し出されて転落死する危険がある。完全に開くまでしっかり両手で体を支える。

着地をうまくコントロールできないからである。手を前に突き出せというのは前傾しやすくするためと、スライドシュートの下の補助者（いればの話だが）が手をつかんで助けやすいからである。だけど体操競技ではないのだから、カッコはともかく滑り降りるのが第一だ。

実は僕もボーイング747の訓練用スライドシュートを経験したことがあるが、事前によく説明を聞いていたにもかかわらず、しかもそうした訓練は何度も見ていたにもかかわらず、最初は後傾となって着地では尻餅をついた。二度めはきれいに滑れたが、最大の収穫は「なかなか理屈どおりにはいかないな」と実感できたことである。

さらに感想を加えるならば、滑るスピードも予想以上に速く、なるほど重い荷物を持って安全に逃げられるものではないと実感した。緊急脱出のときには、密かに荷物を持って逃げる

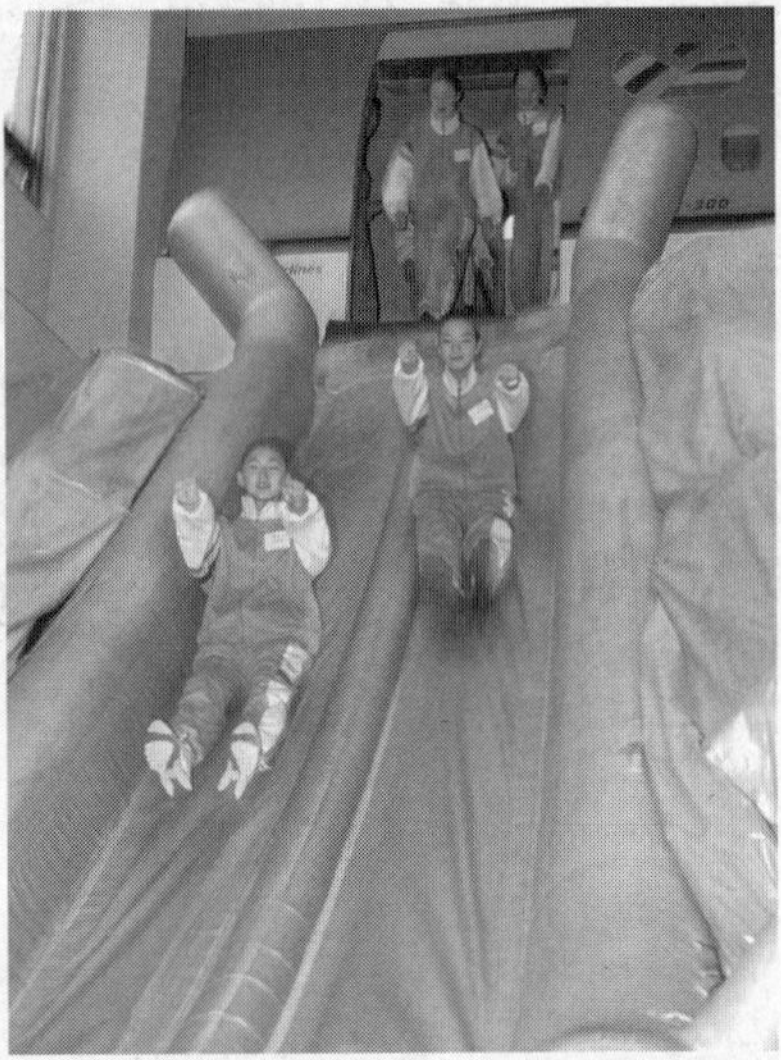
スライドシュートでの脱出訓練。手を前に出して上体を起こして滑る。ストッキングは摩擦熱で溶ける危険がある。

（これは禁じられている）つもりでいる人は少なくないだろう。だが諦めて、後で航空会社への損害賠償請求を考えた方が身のためである。

ちなみにスライドシュートを滑る場合、ハイヒールはシュートに穴を開ける危険があるので必ず脱がなければならない。だが普通の靴ははいていた方がよいという航空会社と、脱げという航空会社とがある。僕は脱出後の避難を考えると、靴をはいたままの方がいいのではないかと思っている。不時着した機体の周辺には刃物のように尖った残骸が散乱していることだろうし、あちこちが燃えているかもしれない。そんなところを逃げるのに、裸足ではいかにも心細いからだ。この章の冒頭に「離陸するまでは靴を脱がない」と書いたのも、そうした理由からである。

しかし航空会社によっては、まず旅客機から安全に脱出するのが先決であり、それには靴を脱いだ方が安全と判断している。普通の靴でもスライドシュートに引っ掛かってバランスを崩し、転倒する危険があるからだ。このへんの判断は各々に任せたいし、判断できないという人は航空会社ごとの指示に素直に従えばいいだろう。

さて旅客機からの緊急脱出に関係するもうひとつの言葉に「非常口座席」というものがある。これは非常口に面した座席のことで、ここに座る乗客は緊急時に脱出の援助を頼まれることになっている。援助の内容は客室乗務員の指示によるが、非常口が開くまで乗客を制止し、スライドシュートの下で後から滑ってくる乗客の手助けをし、「遠くに逃げて！」と誘導するといったことである。

だが、僕はこの席は避けるようにしている（断われるのだ）。緊急時に助け合うのは人間として当然だが、それと非常口座席に座らされ、手助けを当然のように期待されるのは別の話だ。なにしろ僕は必要な訓練を受けていないし、報酬だってもらっていない（客室乗務員は乗客にジュースを出す以前に、その安全を確保するために給料を貰っている。それが彼らの商売なのだ）。

まあ報酬はともかく、せめて訓練なり、十分な知識は習得させて欲しい。その機会もなく援助を期待され、結果として自分が逃げ遅れて死ぬのはまっぴらだ。もちろんサッサと逃げても責任を問われないと思うが（現状ではそんな心配も含めて非常口座席の扱いは不明瞭だ）、それで白い目で見られたり、あるいは自分自身の良心の呵責に苦しめられてはたまらない。だから僕は非常口座席は避けている。別の座席でも可能ならば脱出の援助はするし、できなければ逃げる。

機内手荷物

新型機も旧式機も、旅客機の座席の広さはたいして変わらない。しかし頭上の荷物入れの大きさは明らかに大きく、丈夫になっている。そういえばスキーだって収納できると自慢していた新型旅客機があったっけ。スキーって機内持ち込みできるのかなあ。

旅客機のボーディングのときには、必ずといっていいほど早くから搭乗ゲートの前に行列を作る人たちがいる。どうせ席はもう決まっているのだし、早く機内に入ったからといって待たされる時間が増えるだけ。ならばのんびり待合室で座っていればいいのにと思う。僕は普段でも「行列のできる店」に行列を作るくらいならば、並ばずにまずいメシを食った方が、あるいは一回くらいはメシを抜いた方がマシだと思うくらい行列がきらいなので、これは本

最近の荷物入れは大型化しているが、通路をあちこちぶつけながら通るキャスターバッグは迷惑。禁止の航空会社もあるが、わざわざ機内販売している航空会社もあるとは。

当に不思議な光景である。

ただし、実をいえば僕も早くから行列を作ることがある。とりわけ満席の予想される長距離便では早めに並ぶ。それはオーバーヘッドストウェージ（頭上の荷物入れ）をしっかり確保するためである。もしオーバーヘッドストウェージが一杯になったりでもしたら、荷物は前の座席の下に置かなければならない。僕は決して足の長さを自慢できるほどではないが、それでも足元が窮屈になる。国内線ならともかく、国際線ではちょっとしんどい。だから仕方なく行列を作って早めにボーディングするようにしている。

今さらいうまでもないが、旅客機では機内に持ち込んだ手荷物をすべて自分の前の座席の下かオーバーヘッドストウェージに収納しなくてはならないことになっている。少なくとも離着陸の間は、絶対にそうしなければならない決まりである。これは人間にシートベルトをするのと同じく、衝撃や乱気流に備えるためである。固定されない荷物が壊れるのはちっともかまわないが、それが凶器として乗客を襲うのは避けなければならない。そうでなくても手荷物が通路に散乱すれば、脱出の妨げになる。

そんなのは飛び越えていけばいいという考えは、緊急時には通用しない。航空会社によっては、毛布を配るときに包んだビニール袋を回収しているが、これは緊急脱出の際に足を滑らせるのを防ぐためだ。そこまでの配慮が必要なのである。

一方で航空会社によっては（というよりは、そのときのクルーによっては）、こうした手荷物の収納状況のチェックが甘すぎるのではないかと思われることがある。おいおい、あいつの荷物はどうする気だよとソワソワすることがある。たかがその程度でとは思うが、そのソワソワはその荷物が自分の頭を直撃するかもしれないという不安からくるものではなく、その航空会社の安全に対する取り組みの甘さを実感し、そんな航空会社を利用してしまったという後悔からくるソワソワである。そんなときの客室乗務員の笑顔の、なんとむなしいことか。

ボーイング747

携帯電話

携帯電話の電波でハイテクを駆使した旅客機が異常を起こす。二〇〇億円もする商品にしてはお粗末な気がするが、そんな旅客機しか作れないというのだから仕方ない。ボーディング前の携帯電話の電源オフは忘れやすい。ぜひ習慣にしておきたい。

オーバーヘッドストウェージに荷物を収納するときに忘れずにしておきたいことは、そこに入れた携帯電話など電気、電子機器の電源を確認することだ。日本の航空会社では機内に入る前から携帯電話をオフにすることになっているから当然のことだが、欧米の航空会社にはドアが閉められるまでは機内でも携帯電話を使うことが認められていたりする。そんな場合でもオーバーヘッドストウェージに収める荷物に携帯電話を入れている場合は、ドアを閉

機内に公衆電話を設置していながら携帯電話を禁じているのは商売のためかと誤解する人もいるかもしれないが、こうした機器は有害電波を出さないよう作られている。

めたあとでまた立って電源をオフにするのも面倒だから、このタイミングで電源を切ってしまう。もちろん日本の航空会社でボーディング前に電源を切っていなかった場合にも、忘れずにここで電源を切っておこう。

以前から旅客機の機内ではＦＭラジオなどの使用が制限されていたが、現在では離着陸時にはすべての電気・電子機器の使用が禁止され、さらに巡航中もＦＭラジオや携帯電話、ＰＨＳなどは常時電源を切っておくよう求められている。これは電気・電子機器の出す電波が旅客機の電子機器に悪影響を及ぼす危険があるからだ。

ラジオは電波を受信するものだし、携帯電話もこちらから発信しない限り電波を出さないと考えている人もいるだろう。しかし、これらの機械は電源を入れれば自ら電波を出してしまう。だから発信しなければいいという

つい先日、私用で乗った機内で見かけたオバカな乗客。珍しい光景ではないが、こんなヤツと心中したくない。

ものでなく、完全に電源を切らなければならないのである（もちろん携帯電話の振動着信モードなどもいけない）。

また、どうして離着陸時だけが駄目で上空では使えるようになる電子・電気機器（たとえばビデオカメラやデジタルカメラ、パソコンなど）があるのかというと、これは上空では影響がなくなるからではなく、万が一影響が出ても対処する時間的な余裕があるからである。航空会社にしてみれば、できれば全面禁止にしたいところだろうけど。

実をいえば、僕自身、携帯電話の電源を切り忘れて旅客機に乗ったことがある。滑走路に向かって移動している間に、オーバーヘッドストウェージに入れた荷物の中の携帯電話の電源を切り忘れていたことに気づいたのだ。しかし、もう離陸しようというときに席を立つわけにもいかないので黙っていた。正直にいえば、まさかそれで旅客機が異常を起こして離陸できなくなるかもしれないなどということはまるで考えなかった。せいぜい、「こんなときに着信したら困るよなあ」という心配だけである。もちろん、といってはヒンシュクかもしれないが、旅客機は異常なく離陸し、シートベルト着用のサインが消えたあとに僕はこっそりと電源を切ったのである。おそらく似たような経験をした人は少なくないだろうし、それで大丈夫だったからと航空会社の電気・電子機器に対する制限をなめている人もいるかもしれない。

だが、これまで大丈夫だったからといって以後も大丈夫だという保証はない。電気・電子機器の旅客機への影響は、まだ完全に解明されておらず、ときには複数の機器からの電波が干渉して問題を起こす可能性もあるとされているからだ。

そんな怪しげな理由で禁止されるのも窮屈だが、実際にこれが原因で墜落したと思われる事故もあるし、墜落しなくても機器の異常や誤作動が起こったケースもある（乗客に携帯電話などを切ってもらったら異常が消えた）というのだから仕方ない。また、そんな電波で墜落してしまうような旅客機を売るメーカーも情けないが、とにかくそんな旅客機しか作れないというのだから、しばらくの間はガマンするしかない。

ちなみに携帯電話を禁止している旅客機に公衆電話が装備されているのに矛盾を感じるかもしれないが、こうした機上電話機はあらかじめ悪影響がないことが確認されているので大丈夫なのである。

システムの多重化

墜落しない旅客機は、たぶん作れない。故障しない旅客機も、たぶん作れない。だけど故障したって墜落しない旅客機は、たぶん作れるはず。安全への挑戦は、そんな開き直りからはじまった。現代の旅客機は、叩かれ強いボクサーのようにタフなのだ。

新幹線に乗ると、やっぱり旅客機は危ないのかなと思う。なにしろ新幹線には「安全のしおり」はないし、客室乗務員によるセーフティーデモンストレーションもない。個人的にはシートベルトくらいあってもいいんじゃないかと思っているけれども、それもない。コストの問題とか習慣の違いとか色々と理由はあるだろうけど、これが新幹線と旅客機の安全性の差を示していると考えるのがいちばん無難だろう。

旅客機が危ないのは、空を飛ぶからであ

タイヤ、エンジン、そしてパイロットなど、旅客機は主要なシステムを必ず２つ以上装備する。いずれも１つが駄目になっても安全に深刻な影響をおよぼさないためだ。

る。当たりまえのことだけど、空を飛ぶから落ちる危険もある。

よく、落ちない旅客機はできないものかと聞かれるけれども、たぶんできない。墜落の危険を背負って飛ぶのは、旅客機の宿命といえる。もちろん、なるべく落ちないような旅客機を作ることはできるし、そのような努力は昔から続けられている。これはきれいごとだけではなく、そうでなければ旅客機で商売なんかできないからだ。二〇〇一年九月十一日にアメリカで起きた同時多発テロは、そのことを明確に示した。テロによって旅客機の安全性に疑問がもたれたことにより、乗客が激減した。それだけが理由ではないにしても、その影響で倒産に追い込まれた航空会社さえある。旅客機でひと儲けしようと思ったならば、安全性を無視することはできない。安全でない旅客機になんか、お客さんは金を払っ

昔はパワー不足でエンジンを複数つけた旅客機もあったが、やがて安全のために多めのエンジンをつけるのが常識となった。ただしタイヤはまだ1脚1本しかつけていない。

てはくれないのである。

いうまでもなく旅客機の安全性を高めるには、まず機体そのものの信頼性を高めることが大切だ。ただ、どんなに壊れにくく、故障しにくいものを作っても、それが絶対ということはない。だから旅客機では、たとえ機体が少々壊れたり故障したりしても、それだけで落ちることがないように配慮されている。その基本になるのはシステムの多重化である。

これはお互いに補いあうようないくつものシステムを用意し、たとえそのうち一つが失われても残るシステムで安全に飛行を続けられるようにするという考え方である。システムというと大げさなようだが、たとえば旅客機のタイヤはほとんどが二本セットで装備されている。たぶん一本でも十分だし、その方が軽くて安上がりにできる場合も多いだろうが、二本セットにしておけば1本がパンクし

大西洋単独横断に成功したリンドバーグの要求により、エンジンが１発故障しても安全に離陸できるように作られた初めての旅客機がDC-1だ。写真はその量産型のDC-2。

てもなんとか着陸できる。これもシステムの多重化である。

　あるいは現代の旅客機は、すべて二つ以上のエンジンを装備しているが、これも安全性を高めるためのシステムの多重化である。実際には五〇〇名程度の乗客を乗せられる世界最大級の旅客機でも、たった一つだけで飛ばすことのできる強力なエンジンはいくらでもある。しかし、たった一つだけ装備したエンジンが故障してしまったら、それ以上はもう飛び続けることができない。だから絶対に二つ以上のエンジンを装備する。

　こうした考え方を最初に取り入れたのは、一九二五年に登場したオランダのフォッカーＦⅦｂ／３ｍだ。このもとになったフォッカーＦⅦは、機首にただ一つのプロペラエンジンをつけただけの旅客機だった。それが途中から両翼にも一つずつエンジンを追加した三

747の垂直尾翼にはラダーがついているが、上下２分割になっているのがわかる。それぞれ別系統で安全を確保。

発旅客機として生まれ変わり、世界中で大ヒットしたのである。

　このようにエンジンを複数装備する飛行機を多発機というが、フォッカーＦⅦｂ／３ｍ以前にも多発機はたくさんあった。ところが、その多くは初期のエンジンのパワー不足を補うことが主たる目的。それに対してフォッカーＦⅦｂ／３ｍは安全性を高めるために多発化したというのがよかった。ちなみに最初に一つだけ装備されていたエンジンは四〇〇馬力で、三発化したあとのエンジンはそれぞれ二〇〇馬力になった。三発合計で六〇〇馬力に増加して性能もよくなったかもしれないが、それよりもエンジン一発が故障しても最初のモデルと同じ四〇〇馬力を確保して飛行を続けることができるというのが大きなメリットだった。

　さらに一九三三年のダグラスＤＣ‐１（試作機１機のみだが、改良型がＤＣ‐２として量産され、さらに大型化したDC‐3に進化してからは一万機以上が生産される大ベストセラー機となった）では、開発を依頼したTWAの顧問を務めていたチャールズ・リンドバーグ（初のニューヨーク〜パリ間の無着陸飛行に成功したパイロット）が、エンジン一つが故障しても離陸できる性能を要求。これによって旅客機は、巡航中のエンジン故障だけでなく、最も危険といわれる離陸時のエンジン故障に対する大きな耐性を持つことになったのである。

▲旅客機の窓も２枚セットの多重システム。１枚が割れても残る１枚で与圧に耐えることができる。さらに内側には保護カバーがつく。▼パイロットが２名乗務するのも、多重システムの一環。たとえ作業負担が減っても、１名に減らすことはなかろう。たぶん……。

こうしたシステムの多重化は、現代では旅客機のありとあらゆるところに応用されている。たとえばボーイング747では独立した四重の油圧系統を備えている。この油圧で動かされる舵なども、たとえばラダーやエレベーターはそれぞれ二つに分割されており、エルロンはもともと二種類（左右で四枚）が装備されたうえに、スポイラーと呼ばれる抵抗板を使ってもロール・コントロールができるようになっている。

あるいは無線機やコンピュータ、主要な航法装置などはいずれも二つ以上が装備されているし、コクピットの操縦装置も同じものが二つある。パイロットが二名乗務するのも、ある意味ではシステム多重化の一環といえよう。

コクピットクルーの数は主にワークロード（作業量）で決まるが、主要なシステムは多重に装備するという考え方を貫くならば、たとえワークロードが十分に小さくなったとしてもパイロットが一名になることはないだろう。その旅客機がパイロットに頼って飛ぶ限りは、そのパイロットを一重システムとするのは危険だからだ。もし二名よりも減らしたいならば、運航を完全自動化してコクピットを無人化し、まったくパイロットに頼らない旅客機とするしかない。

もちろんシステムは、ただ複数装備すればいいというものではない。たとえば一九二九年に初飛行したドルニエDo・X巨人飛行艇は、翼の上に一二発ものエンジンを装備していた。ところが初期型の非力なエンジンではこのうち一発でも故障すると高度を維持できなくなったという。システムを複数装備するのは一つが故障しても安全に飛び続けるためであって、複数装備したシステムのどれか一つが故障しただけで飛行を続行できなくなるようではむしろ危険になる。システムの数だけ、故障する確率は増えるからだ。

あるいは一九八五年の日航ジャンボ機墜落事故では、尾部の破損により四つの油圧系統すべてが失われ、機体は制御不能になった。せっかく多重システムを取り入れても、同じトラブルですべてのシステムが同時に失われてしまうのでは、あまり意味がない。またこうした破損でなくとも、たとえば多重に装備したシステムすべてを同じ仕様にすると、同じ原因で同時に故障してしまう可能性もある。そこでフライトを全面的にコンピュータに依存するエアバスA320は、主要コンピュータに別々のメーカーのCPUやソフトを組み込むなどして、すべてが同時にダウンしてしまうことを未然に防いでいる。

フェイルセーフ構造

間違いをおかさないことも大切だが、誰にだって間違いはある。ならば大切なのは、そこからどう持ち直すかということのはずだ。もう駄目だ、とあきらめていては立派な旅客機にはなれない。まあ、旅客機になりたい人がいるかどうかは別として。

システムの多重化は、旅客機の安全性を向上させるのに大きく貢献している。だが旅客機には、どうしても多重にできない部分もある。

たとえば胴体の外板は一枚の板であって、板の継ぎ目以外は二枚重ね、三枚重ねになっているわけではない。当たりまえのようだが、旅客機の窓はすべて二重構造になっているのだから、胴体だって二重構造にすることはできたはずだ。

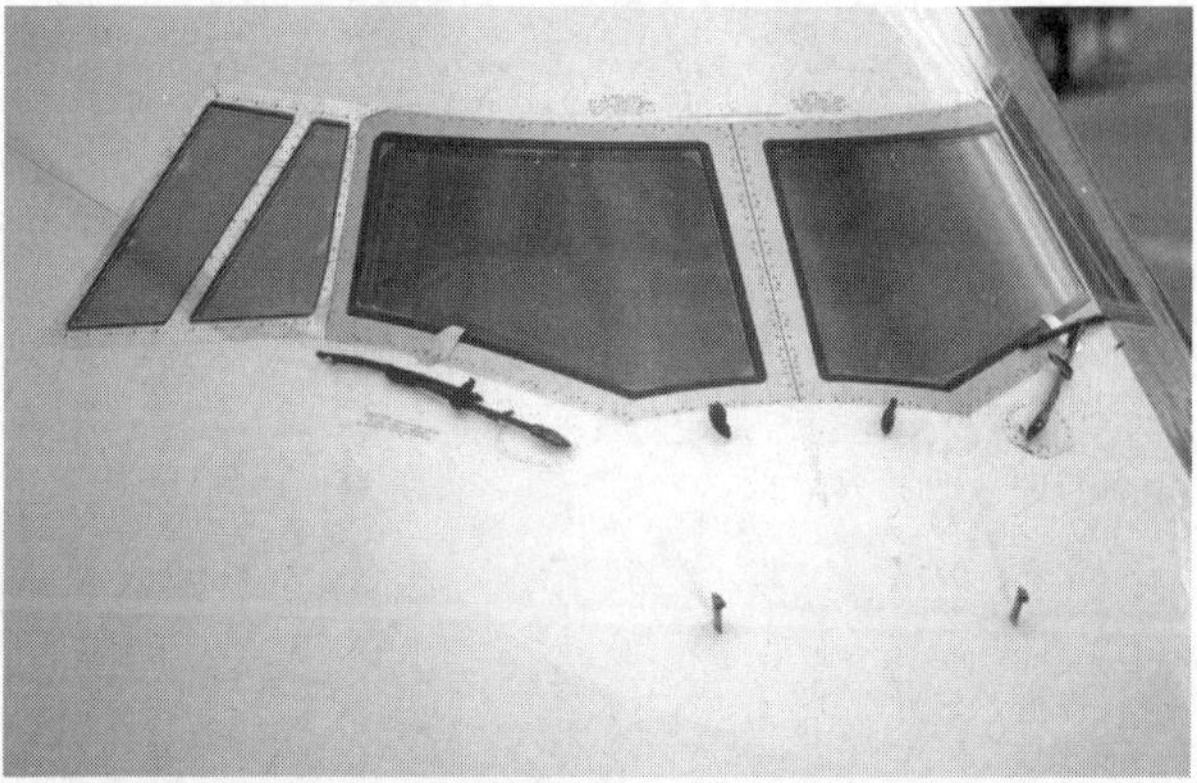

ボーイング747のコクピットの窓は、３層のガラスに２層のビニールを合わせた構造になっている。ちなみに、正面の窓１枚で「郊外に家が１軒建つ」ほどの金額である。

旅客機の客室窓は、透明アクリル板を二枚重ねたものとなっている。飛行中は与圧によって窓一枚あたり数百キロもの力がかかるが、たとえ一枚が割れてしまっても十分に耐えられるようになっている。ちなみに二枚組のアクリル板の内側（客室側）にはさらに薄い透明アクリル板がついているが、これは保護用で強度には関係ない。また、さらにその内側には日よけのためのシェードがついている。

蛇足ながら、このシェードはほとんど上から下に引き降ろして閉めるようになっているが、下から引き上げることで閉める窓もある。それはボーイング737などの主翼付近についている小型の緊急脱出口を兼ねた窓のところで、上の壁面内にはシェードを収納できる十分なスペースがないため、下に収納するようになっているのだ。

またコクピットの前面窓はさらに丈夫に作

られており、衝撃を緩和するビニール層をはさんだ三層のガラスやアクリルなどによって構成されている。強度の基準は巡航中に重さ一・八キロの鳥が衝突しても破れないということで、新しい旅客機が開発されたときには大砲のような装置で実際に死んだ鳥を窓にぶつけて割れないかどうかを試験している。たかが鳥とはいえ、旅客機の速度は時速八〇〇キロくらいだから、ぶつかったときの衝撃は相当なものだろう。プロ野球の豪腕投手の球を受けるのも怖そうだが、それでも球速はせいぜい時速一六〇キロ。飛行中に鳥に衝突されることを考えれば、かわいいものだ。

で、話を戻すと、旅客機の窓はこんなに頑丈に、たとえ一枚（一層）が割れても大丈夫なように作られているのに、それを支える肝心の胴体は一層構造でしかない。これを窓のように二層構造にしたならば、旅客機は重くなりすぎて飛べなくなってしまうか、無理して飛んでも非常に経済性の悪いものになってしまうだろう。そこで、このように多重にできない部分については、もし一部が壊れてもそれが深刻な事態にならないような工夫がなされている。

たとえば旅客機の胴体はセミモノコック構造といって、縦横に走るフレームに外板を張った構造になっている。イメージとしては金属製の障子みたいなものだ。このような構造にすると軽量強固にできるというメリットがあるが、さらに外板の破損がフレームでとめられてそれ以上は広がりにくい、あるいはフレームが破損しても隣接するフレームで持ちこたえてくれるという安全上の配慮もある。障子の紙をやぶるとき、ただそのままでは（つまり十分に濡らして糊をはがすことなしには）フレームを越えてきれいにやぶることはできないだろ

ボーイング・エバレット工場でみた旅客機の胴体外板。内側には縦横にフレームが通っている。強度を保つため、そして破損が大きく広がらないための構造である

う。旅客機の胴体もこれと同じで、たとえどこかに穴が開いたり、あるいはヒビが割れてしまっても、それが致命的になるまで広がらないようになっているのである。

こうした構造をフェイルセーフ構造という。フェイルしても（駄目になっても）セーフ（安全）な構造という意味だ。多重システムもそうだが、まずは駄目にならない、壊れないものを作るのが第一だけど、もし壊れてもただちに安全性が脅かされることのないようにしようというのがフェイルセーフ構造である。

もっとも実際には、このフェイルセーフ構造はうたい文句ほどちゃんと機能していないのではないかという声もある。たとえば一九八五年の日航ジャンボ機事故は後部圧力隔壁の修理ミスによる破壊が大きな原因といわれているが、フェイルセーフ構造がしっかり機

能していれば、これほどひどい破壊にはつながらなかったのではないかといわれている。あるいは一九八八年四月にはハワイ、アロハ航空のボーイング737の前部胴体の上半分以上の外板が、長さ約六メートルにわたってきれいにスッ飛んでなくなってしまったという事故が発生した（幸いにして無事に着陸はできたが、客室乗務員一名が機外に吸い出されて行方不明になっている。ベルトサインがついていたせいもあって乗客は全員無事だった）。これもフェイルセーフ構造がしっかりしていたならば、これほどひどい事態にはならなかったのではないかといわれている（メーカーのボーイングは、フェイルセーフがしっかりしていたからコンバーチブルのスポーツカーのようになっても着陸できた、なんて自慢するかなあ。そりゃあ、ちょっと話が違うぜ）。

もちろんフェイルセーフ構造といっても、絶対に壊れないことを保証するものではない。一部が壊れてもただちに深刻な事態にならないようにするだけであって、そのまま「大丈夫みたい」と飛び続けていいということにはならない。とりあえず異常が起きたときから、なんとか無事に降りられればヨシとすべきで、それからはしっかりと修理などしなければ再び飛ばしてはならない。アロハ航空ボーイング737の場合、乗客の一人が乗り込む前に機体外板に縦長のヒビが入っているのを目撃していたことが明らかになっているが、そんな異常を見逃していたズサンな整備態勢も問題とされている。

まあ、そんな不安な話はいくつかあるものの、フェイルセーフという考え方自体は立派なものであり、旅客機の安全性向上に大いに貢献していることは事実である。旅客機ではほとんど全体にわたってこうしたフェイルセーフ構造が採用されているが、それができない部分については十分な余裕をみた耐用時間や飛行回数を決め、それをすぎる前に新品に交換するなどしている。絶対に落ちない旅客機を作るのは無理だが、多少は壊れてもすぐには落ちない旅客機はすでに実現しているといえる。あとはやっぱり、飛行中はしっかりとシートベルトを締める。そのくらいが乗客にできる自衛策といえるだろうか。

第3章 離陸から着陸まで

プッシュバック

アメリカの駐車場では前進入車、後進出車がルールだ。まさか旅客機が前進駐機するのも、航空王国アメリカの影響ということはなかろう。だいたい旅客機は自力ではバックできない。トーイングカーに押し出してもらわなければならないのに。

旅客機が出発するときには、まずはバックでスポットを出ることが多い。ほとんどの旅客機はターミナルビルに機首を向けて駐機しているから、前進では出られないのは当たりまえである。だが旅客機は自力ではバックできない。バックするにはトーイングカー（牽引車）を接続し、押し出してもらい、もちろん最後にはまた切り離すといった作業が必要となる。これをプッシュバックというが、こんな面倒な事をするくらいならば最初から前進のまま出

上空から見た成田空港の第2ターミナル地区。すべての旅客機がターミナルに機首を向けて駐機しているのがわかる。出発するときにはバックで出るしかない。

られるようにターミナルビルを作ればいいのにとも思う。事実、大阪伊丹空港やパリのシャルル・ドゴール空港の第一ターミナルビルにはそんなスポットもある。

だが旅客機が自力で出られるようなスポットにはバックで出ていくスポットよりも大きなスペースが必要で、利用できる旅客機が少なくなってしまうのが欠点だ。だから伊丹空港ではフィンガー先端の一部スポットでしか使われていないし、シャルル・ドゴール空港でも新しい第二ターミナルビルでは普通にバックで押し出してもらう方式に変更されてしまった。

旅客機をターミナルビル周辺ではなく離れた場所（沖止めスポットなどという）に置く場合は前進して出発した方が簡単そうだが、羽田空港や成田空港ではやはりバックで押し出してもらって出発するのが基本になっている。沖止めスポットとはいえ自力で出られるようにするには大きなスペースが必要だから、たくさんの旅客機を効率よく置くためにはどうしてもバックで出す方式をとることになる。

では沖止めスポットで、周囲に他の旅客機がいないときはどうだろう。ガラガラの駐車場と同じで、こんなときくらいは前の駐機スペースを突っ切って出発してもよさそうだ。ところが現実には、やっぱりバックで出発する。たとえ他に旅客機はいなくても整備のための支援車両や機材がたくさん置かれている。照明灯だって立っている。うまくそれらに接触しないように出られたとしても、ジェット排気で吹き飛ばしてしまう危険があるからだ。

▲旅客機は自力ではバックできないから、ノーズギア(前脚)にトーイングカーを接続して押し出してもらう。▼成田空港の貨物地区。沖止めスポットの旅客機もトーイングカーに押されてバックで出発するのが基本だ。

なにしろジェット旅客機の車輪にはエンジンはなく、ただ空転するだけである。

▲ジェット旅客機は地上でもエンジンの排気をまき散らして進む。その気になれば、軽飛行機を吹き飛ばす勢いだ。▼着陸する747。エンジン後方がスライドしてできたスキマから逆噴射の空気を吹き出して減速する。

だから旅客機は地上でもジェットエンジンの力を使い、猛烈なジェット排気をまき散らしながら進む。自動車ならば接触しないだけのスペースがあれば通れるかもしれないが、ジェット旅客機では後方に伸びる熱い台風のような排気の心配までしなければうかつに動くことはできない。

また地上でもジェットエンジンに頼って進むというのが、旅客機が自力ではバックできない理由にもなっている。ジェットエンジンは後方に向けて排気を噴射するように固定されているからだ。

ただし絶対にバックできない、というわけではない。旅客機のジェットエンジンにはスラストリバーサー（逆噴射装置）がついていて、せきとめた排気を前に向けて噴射することができるようになっている。主に着陸時のブレーキとして使うのだが、機体によってはバックにも使えないこともない（昔、僕も自力でバックするジェット旅客機に乗ったことがある）。

ただ技術的にはともかく、ほとんどの航空会社は旅客機が自力でバックすることを禁じている。その理由はいろいろとあるが、まず第一にスラストリバーサーを使うと前方に向けられた排気が周囲のゴミやら何やらを巻き上げて大変なことになる。しかも巻き上げられたゴミがエンジンに吸い込まれたら故障の原因になる。ゴミが混ざっていなくても排気を吸い込むだけでエンジンが不調になる危険がある。だから旅客機では、スラストリバーサーを使える最低速度を決めていたりもするのだ（十分な前進速度があれば、自分の排気を吸い込む危険は小さくなる）。

第二に旅客機のコクピットからは後ろが見えないから、パイロットはバックでの安全確認ができないし、もちろん操縦もむずかしそうだ。なにしろ普通の訓練ではバックの仕方なんか教えてもらわない。ただし航空自衛隊でも使っているC-130輸送機は、ジェット機ではないがプロペラブレードのピッチ（角度）を変えることで、しかもちゃんと後方を確認しながらバックすることができる。やはりコクピットからは後ろが見えないはずだが、この飛行機は胴体後部に貨物ドアがついているので、それを開けると後方の安全確認ができるのである（とはいえパイロットが直接目視するのではなく、クルーの一人が後方を確認しながらインターコムでパイロットに指示を出す）。

あと第三に、うるさい。空港で見ていると、旅客機が着陸したあと急にエンジン音がやかましくなるが、これはスラストリバーサーを作動させたためだ。遠くのランウェイ（滑走路）上ならともかく、近くでこれをやられたらたまらない。そんなこんなで旅客機を自力でバックさせるのは問題が多い。だから面倒なようでもトーイングカーをつないで押し出してもらった方が簡単なのである。

ちなみにトーイングカーに押されている間は、パイロットは何もしないで押されているだけでよい。せいぜい移動の前後にパーキングブレーキを解除したりセットしたりする程度である。もちろんボーッとしていても仕方がないので、この間にエンジンを始動する。具体的にはAPU（補助動力装置）からの高圧空気を使ってエンジンを空転させ、その回転数が一定以上になったところで燃料を送り込んで点火する。

最近の旅客機はこうした始動手順がほぼ自動化されているが、昔のジェットエンジンにはなかなか神経質なところがあって、手順を誤ると（誤らなくても）うまく始動してくれないことがあった。もちろん手順が自動化したところで失敗するときは失敗する。そんなときは、またトーイングカーに引っ張られてスポットに戻ってこなければならない。だから旅客機を所定の位置まで押し出したあとも、エンジンが正常に始動できたことが確認できるまでトーイングカーはそのままくっついている。外から見ていて無事にトーイングカーが離れたならば、無事にエンジンも始動できたんだなとわかる。

またアメリカのロサンゼルス国際空港（通称ＬＡＸ）では、出発時だけでなく到着時にも

▲胴体後部の貨物ドアを開けて飛ぶカナダ国防軍のCC-130輸送機。この貨物ドアごしに後方確認をし、プロペラを逆ピッチにすればバックすることもできる。▼ジェット旅客機はプッシュバック中にエンジンを始動し、無事に始動したことを確認したうえでトーイングカーを切り離す。いつまでも離れないときは、始動失敗かも。

▲ジェットエンジンの始動には機載APUからの高圧空気を使うが、ときには地上のAPU車が手助けする。激しい黒煙に、エンジン始動に必要なパワーの大きさが実感できる。▼騒音防止のため(？)にスポットインでもトーイングカーの助けを必要とするロサンゼルス国際空港。いつも何人かの乗客が立ち上がっては客室乗務員に制止されている。

トーイングカーを使うスポットがある。別にバックで「車庫入れ」して、出発のときに自力で出られるようにしようというのではない。トーイングカーを使って普通と同じく頭から突っ込み、出発のときにもやはりトーイングカーを使ってバックで出発する。

ロサンゼルスは日本からの渡航者も多いから、経験したことのある人も多いだろう。旅客機が完全に停止してエンジンの音も消え、「やれやれ」なんて立ち上がろうとする人は「まだ動きます」なんて制止される。それからしばらく待たされて、のろのろとスポットまで引っ張られていくのだ。

これは機内アナウンスによれば、騒音防止のためだといわれている。マジかよ、と思うけど。確かに少しでもエンジンを回している時間が短い方が騒音は少ないかもしれないけど、スポットはもう目と鼻の先にあるのだ。しかもエンジンはアイドル状態で、離着陸時のときほど大きな音を出しているわけじゃない。そしてターミナルビルには、民家が隣接しているというわけでもないのだ。騒音だけでなく他にもっと別の理由があるのかもしれないけど、とにかくこの時間の長く感じられることったらない。だっせえゾ、ＬＡＸ。

上空から見た羽田空港

タキシング

旅客機が駐機するのはスポット、離着陸するのはランウェイ、その間を結ぶのがタクシーウェイで、そこを移動することをタキシングという。日本語では地上滑走というが、実際には「滑走」というほど勇ましくはない。マニアはもっぱら「ころがる」などという。

旅客機が地上をゴロゴロと移動することをタキシングという。動詞はタクシーで、どういう関係があるのだか知らないけど自動車のタクシーと同じスペルである。またタキシングで進む道をタクシーウェイ（誘導路）という。

旅客機の車輪にはエンジンがないから、タキシングでもジェットエンジンを使って前進する。といっても走り出しのときにちょっと吹かしてやれば、あとはアイドル（一杯に絞った

161 タキシング

▲羽田空港をタキシングするJALのボーイング747-400。前輪は機体重量のわずか3パーセント程度の荷重しか負担しないので、急な舵を切るとスリップしてしまう。▼タキシングでは、定められたタクシーウェイの、正しくセンターラインをたどっていくのが基本だ。ステアリングには地上専用のハンドル(チラー)が使われる。

▲中央が747のスラストレバー。エンジンが4発ついているから、レバーも横に4本並んでいる。前に押し出せばパワーが増し、一番後ろにするとアイドル推力。▼従来の操縦輪に代わって装備されたエアバスのサイドスティック（右）。

状態）のままでも走り続けることができる。オートマチック車が、アクセルを踏まなくてもノロノロと走り続けるのと同じような感じである。そして、これが旅客機のタキシングの標準的な速度である。

車輪にブレーキはついているので、さらに減速したり停止したいときにはこれを使う。ブレーキのかけ方は自動車に似ていて、爪先でペダルを踏んでやればいい。ただ自動車と違うのは、旅客機では右と左のブレーキを別々にかけられるということだ。つまり左のペダルを踏めば左側だけブレーキがきき、右のペダルを踏めば右側だけブレーキがきく。自動車ではブレーキは左のペダルだけで右ペダルはアクセルになっているが、旅客機では右のペダルもブレーキである。旅客機のアクセルに相当するのはスラスト

空港の旅客機も油断すると迷子になる。地上に細長く見える「道路標識」にタクシーウェイの名前などが書かれている。

レバー（パワーレバー、あるいはスロットルレバーともいう。ただしスロットルというのはレシプロエンジン特有の機構なのでジェットエンジンにはない）で、これは二人のパイロットの間にあって手で操作する。

　またペダルには上の方を爪先で踏んでブレーキをかけるほかに、下の方をスライドさせるように踏んで旅客機の進路を変える働きもある。左側のペダルを踏み込めば前輪が左を向き、右側のペダルを踏めば右を向く。このペダルは垂直尾翼のラダー（方向舵）とも連動していて、上空でもやはりペダルを踏んだ側に機首を向ける働きがある。

　ただしペダルを踏み込むだけでは、旅客機はそんなに小回りはしてくれない。せいぜい進路を修正するといった程度である。軽飛行機では小回りをするために片側のブレーキだけを使うという小技を使うことも多いが、旅客機ではステアリングチラーという前輪専用の操向装置を使ってもっとスマートに曲がる。ステアリングチラーを使えば、ペダルを踏むよりもさらに鋭く左右に向きを変えることができるのだ。ただし前輪は離陸して地面を離れてしまえば役にたたなくなってしまう（つまり使う時間が非常に短い）ので、ステアリングチラーはコクピットの脇の方の、あんまり目立たないところにある。

一方で自動車のハンドルのようにパイロットの目の前にドーンと置かれているのは操縦輪である。これは上空で旅客機を左右に傾けて旋回するため、あるいは機首を上げたり下げたりするための大切な操縦装置だが、地上ではいくら回しても旅客機は向きを変えてはくれない。地上でこれを動かすのは、せいぜい離陸前にちゃんと動くかどうかをチェックするときくらいである。

旅客機がトーイングカーから離れて自力でタキシングを開始すると間もなく、客室の窓からは翼の舵がパタパタするのが見えるだろう。これが作動チェックである。コクピットからは舵が動いている様子までは見えないが、ちゃんと動いていることは計器で確認できるようになっている。

ちなみに「操縦輪」の読みは、文部科学省的には「そうじゅうりん」だが、普通は「そうじゅうかん」という。もともとの「そうじゅうかん」はスティックタイプの「操縦桿」をさすが、旅客機ではホイールタイプの操縦装置をつけていることが多いので「操縦輪」と書く。だけど「そうじゅうりん」なんていう言葉は普通の人はもちろんパイロットにも全然なじみがないので、文部科学省がイヤな顔をするのを承知で「そうじゅうかん」もしくは英語のまま「コントロールホイール」という言葉を使っているのである。

こうしてタキシングして向かうのは、いうまでもなくランウェイである。大きな空港ではタクシーウェイが複雑に絡み合っていることもあるが、パイロットは道路地図のような専用チャートを持っているので、あまり迷子になる心配はない。ただしタクシーウェイには番号などを書いた小さな標識以外はほとんど目印らしい目印がないので、「旅客機が迷子になるわけないじゃん」と一般の人が考えているよりは迷いやすい。とりわけ慣れない空港で視界が悪かったりすると迷いやすく、二〇〇〇年十月には台北国際空港（台湾）でシンガポール航空のボーイング747が間違って工事中のランウェイから離陸しようとして墜落炎上してしまったという事故もあった。油断は禁物である。

またタクシーウェイには一般道と同じく交差点があるが、原則として信号はない。あっても補助的なもので、交通整理は主に管制官の仕事となっている。交通整理といってもあまり細かいことは指示されず、「ブラボータクシーウェイを通ってランウェイ34に行って下さい」とか「日本航空の747の後に続いて下さい」という程度だけど。

さて、あなたの乗った旅客機がなんとか迷子にならずにランウェイ手前まで来たならば、いったん、ランウェイの手前で停止して管制官からの次の指示（離陸の許可）を待つ。管制官はタクシーウェイの交通整理だけでなく、離着陸する旅客機の交通整理もしているのである。

地上を移動する旅客機の監視も管制官の役割。だから管制塔は見晴らしがよい。これは塔ではないけど。

ランウェイでの交通整理の基本は「一度に利用できるのは一機だけ」ということだ。離陸する旅客機も着陸する旅客機も、ちゃんと行列を作って順番を待たなければならない。離陸機はともかく着陸機まで行列を作れるものかと思うかもしれないが、ちゃんと作れる。適当な間隔でランウェイに滑り込めるよう管制官がそれぞれの旅客機を誘導し、間隔が詰まりすぎたときには後続の旅客機にスピードダウンを要求したり、あるいは大回りさせたり、さらには何回か余計に旋回させたりするのである。

離陸機と着陸機の両方がいる場合もどちらかが待たなければならないが、たいていは着陸機が優先される。着陸機を旋回させて離陸機を出してしまう手もあるが、それでは燃料が余計にかかるし、何よりも危ない。燃料が余計にかかるのは離陸を待つのも同じだが、着陸機は燃料がなくなってしまったら墜落してしまうのだからより切実である。燃料が十分にあっ

空港のライトの色には、それぞれ意味がある。タクシーウェイは緑や青のライトだが、滑走路は白。そしてその末端には赤いライトがつく。そこでも浮かないと、危ない。

ても空を飛んでいる間は常に墜落の危険はあり、一方で離陸のために地上で待機している旅客機には墜落する心配がないのだから、とりあえずは着陸機を先に降ろしてあげた方がいいのである。

ちなみに乗客として客室の窓から見ているぶんには、どこまでがタクシーウェイでどこからがランウェイかということがわかりにくいかもしれないが、夜間ならばライトの色で見分けることができる。すなわちタクシーウェイの縁を照らすライトは青で、センターラインは緑。これに対してランウェイは白いライトで縁取られ、センターラインも白だ。計器着陸装置などが備えられている場合はさらにパチンコ屋の看板のような派手な電飾がなされていたりもする。

実にきれいだが、とりわけ注意していただきたいのはランウェイのはるか先にある赤いライトである。最近は機首に装備されたビデオカメラのおかげで、乗客でも前の景色が見られることが多い。長く伸びるランウェイの前方はるかに美しく輝く赤いライトは、ランウェイの終端を示している。もしそこまで行っても旅客機がまだ浮いていなかったならば、離陸失敗の可能性が大だ。安全姿勢をとって衝撃に備えた方がいい。

エアバスA380

脱輪防止

ボーイング747の最大離陸重量は三九五トン。そのうち前脚が負担するのは約三パーセントにすぎず、残りを四本の主脚が負担する。単純計算で脚一本あたり九五トン。脱輪したら、引き上げるのは難儀である。パイロットには優れた「車両感覚」も求められる。

地上を走っている間は、自動車でも車両感覚や内輪差の認識が大切なのと同じように、旅客機でも機体感覚が大切である。狭いところを抜けるときには翼の端がぶつからないように、また曲がり角では脱輪しないように注意しなければならない。タクシーウェイはセンターラインどおりに進んでいれば別の旅客機とぶつかったり脱輪したりすることはないようにできているのだが、そもそも慣れないうちは前輪がセンターラインに乗っているのかどうかすら

▲747-400は性能向上のために在来型747よりも翼端を長くしている。おかげで747用に設計された空港では左右のクリアランスが少なくなり、注意が必要である。▼747よりも胴体もホイールベースも長いエアバスA340-600は、世界最長の旅客機だ。それだけ 内輪差も大きくなったので油断していると脱輪する。

自信がもてないだろうし、自動車のようにドアを開けてタイヤの位置をチェックするということもできない。いったんトーイングカーと離れてしまったらバックで切り返すというわけにもいかない。

また、その空港が作られたときに想定していたよりも大きな旅客機をタキシングさせるときには、さらなる注意が必要である。世界最大の旅客機の座は過去三〇年以上もボーイング747が占めてきたから、たいていの大空港はボーイング747が運航できるように作られ、それで困ることはなかった。そして二〇〇六年にエアバスA380が登場するまではボーイング747が世界最大の旅客機であり続けることは間違いないから、それまではあまり心配する必要はないはずだった。

ところが一九八八年に登場したボーイング747の新型（ダッシュ400）は、胴体の長さは従来と同じものの主翼は五メートル近くも長くなってしまった。翼が細長い方が空気抵抗が小さくなるからなのだが、それで地上で身動きがとれなくなってしまっては仕方がない。幸いにして多くの空港はなんとか受け入れることができたが、ぶつからないために残された余裕はグッと小さくなってしまった。日本ではこうした面倒をきらって、国内線用に従来と同じ主翼の長さをもつボーイング747-400Dというモデルを特注してしまったほどである。

さらに一九九七年には、ボーイング747よりも乗客数は少ないものの胴体だけはボーイング747よりも長いというボーイング777-300も登場した。これは胴体だけでなく前後のランディングギア（着陸装置。要するに脚とか車輪とかのこと）の間隔も長く、ゆえに地上での内輪差がボーイング747よりも大きくなってしまった。しかもボーイング747とボーイング777‐300とではコクピットの位置も違う（ボーイング777は一番前についているが、ボーイング747は機首よりもだいぶ後ろの二階部分にある）から、同じ感覚で曲がろうとすると脱輪してしまう危険が大きい。

そこでボーイングはパイロットがランディングギアの様子を見ることができるよう機体の

▲777-300には脱輪防止のための小型ビデオカメラが装備されている。上の写真は水平尾翼前縁のカメラ（黒い部分）。胴体下にも前脚監視用カメラがある。
▼脚監視用のカメラの映像は、コクピットにあるMFD（多機能ディスプレイ）に3分割で表示される。

三ヵ所（胴体下にノーズギア用一ヵ所と、水平尾翼前縁に左右のメインギア用を各一ヵ所ずつ）にビデオカメラを装備し、その画像をコクピットに表示できるようにした。二〇〇二年にはボーイング777‐300よりさらに胴体が長いエアバスA340‐600が登場したが、パイロットはますます慎重なコントロールが要求されるはずである。

エンブラエル170

揚力

飛行機はなぜ飛ぶか。それを学ぶうえで最初に問題になるのが「揚力」という言葉。要するに浮力みたいなものかと納得しようとすれば、違うといわれて途方にくれる。だけど意味は読んで字のごとく。ただ、「もち揚げる力」を揚力というだけの話。

旅客機はなぜ飛べるのか。「それは翼の上下を流れる気流の速度差から揚力が発生するからだ」などといわれると、ますますワケがわからなくなる。だからむずかしい理屈は無視して、「あんなデッカイ板ッきれをつけて風を受ければ、浮かない方が不思議だ」という程度に考えるのがいいだろう。もちろんデッカイ板ッきれというのは翼のことであり、それが風を受けるのは自分で前進していくからである。

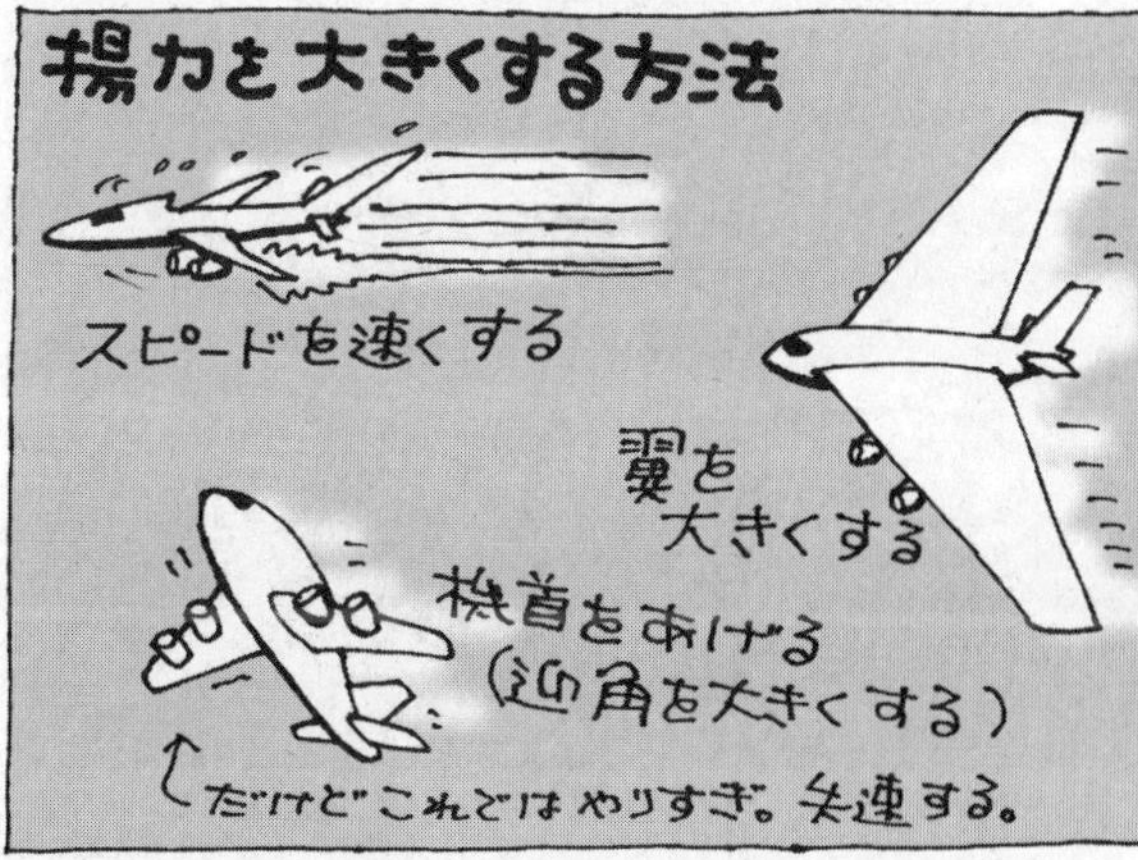
揚力を大きくする方法
スピードを速くする
翼を大きくする
機首をあげる
(迎角を大きくする)
だけどこれではやりすぎ。失速する。

　ジェット旅客機の離陸速度は時速三〇〇キロくらいである。たとえば「毎秒二〇メートルの暴風」が吹くと、風に向かって歩くのは困難となり屋根瓦も飛んでしまうほどになる。それでも時速になおすと七〇キロ程度でしかない。ならば時速三〇〇キロもの風は、いかにすさまじいことだろう。そんな風をでっかい翼に受ければ、巨大な旅客機が空を飛んでも不思議はない、というよりも飛ばない方が不思議である。このように旅客機を飛ばす風の力を揚力という。

　もちろん、ただの板ッきれに風を当てただけでは、飛ぶというよりは吹き飛ばされるだけだ。それでは困るので、ちゃんとコントロールできるように工夫してやる。ただの紙ッきれは風に吹き飛ばされるだけかもしれないが、紙ヒコーキに折ってやればちゃんと飛ぶ。そんな感じである。

　旅客機の翼に働く揚力の大きさを決めるには、

旅客機が離陸するときには必ず機首を上げる。こうすると翼の迎角が大きくなり揚力が増して上昇を開始する。ただし上げすぎると尻を滑走路に擦ってしまうので注意。

主に三つの要素がある。翼の大きさ（翼面積）、受ける風の強さ（速度）、そして翼の角度や形である。翼が大きいほど揚力も大きくなるというのは、まあ説明しなくても納得してもらえるだろう。基本的には、翼が二倍になれば揚力も二倍になる。

速度が速くなるほど揚力が大きくなるというのも、たぶん異論はないだろう。速度が速いというのは、それだけ受ける風の力も強いということなのだ。ただし速度が二倍になったときの揚力は二倍ではなく、その二乗の四倍になる。速度が三倍ならば揚力は九倍だ。つまり時速三〇〇キロで飛ぶときと比べて、時速九〇〇キロで飛ぶときは同じ翼でも九倍もの揚力を発生できる。あるいは重さが変わらないのならば、時速九〇〇キロで飛ぶ旅客機の翼は時速三〇〇キロで飛ぶ旅客機の翼の九分の一の大きさでかまわない。もちろん翼

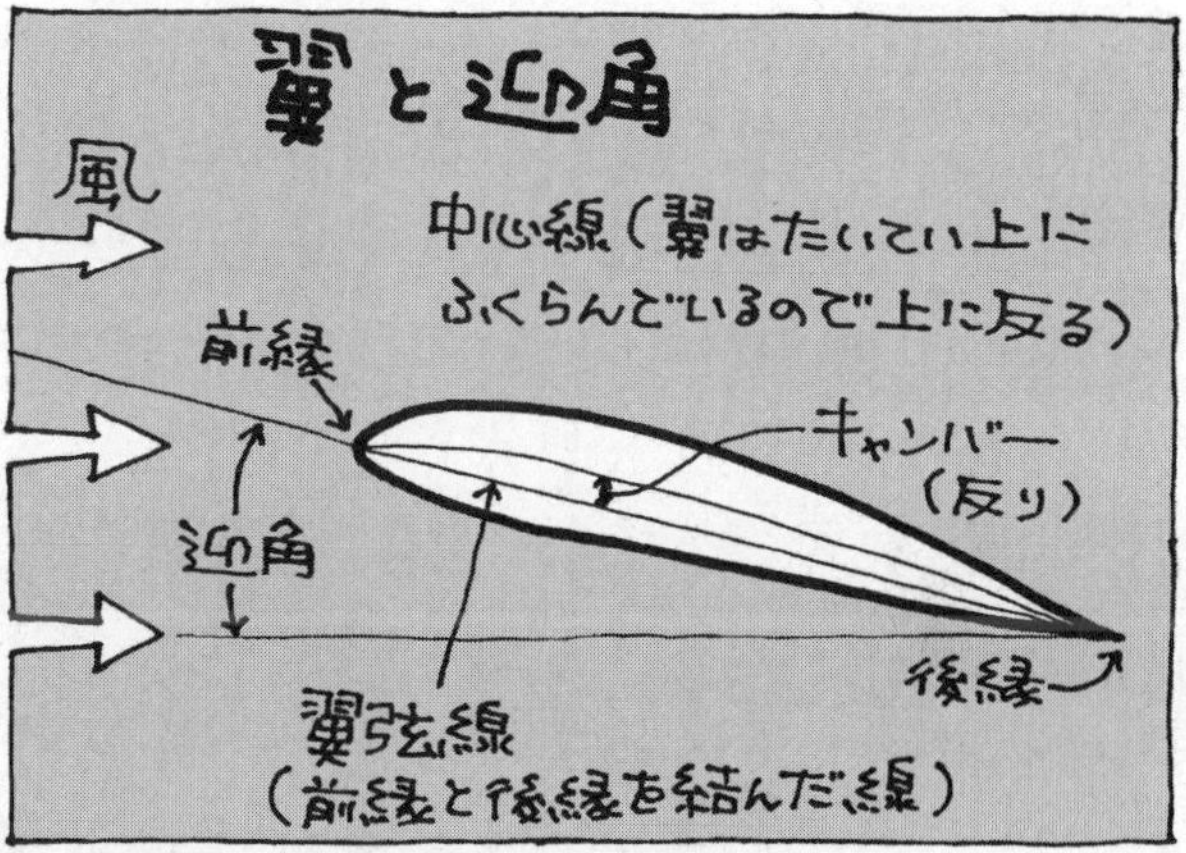

が小さくて済むならば重量も軽くできるし、空気抵抗も小さくてすむ。なんだか得したような気になるが、むずかしい問題もある。

なにしろ現代の技術をもってしても、時速九〇〇キロで離着陸できる旅客機はない。どんなにスピードが自慢の旅客機でも、離着陸のときには時速三〇〇キロ程度まで減速しなければならないから、時速九〇〇キロでしか飛べないような小さな翼では困る。

かといって時速三〇〇キロで飛ぶのにちょうどいい大きな翼をつけては、とても時速九〇〇キロという高速で飛ぶことはできない。飛ぶには飛べるかもしれないけれど、必要以上に強力なエンジンをつけて燃料をタレ流すようにしなければ飛べないだろう。それでは旅客機としては使いモノにならないので、次に頼りにするのが揚力の大きさを決める三つ目の要素である「角度と形」だ。

角度というのは、翼のいちばん前（前縁）といちばん後ろ（後縁）を結んだ線と気流とのなす角度のことで、これを迎角《むかえかく》という。たとえば下敷きのようなただの板ッきれを迎角ゼロで風にさらしてもどうにもならないが、前縁をちょっと上げてやれば、上にあおられるような力を受ける。つまり迎角をつけることで揚力が生じる。

そしてその揚力は、迎角を大きくするほど大きくなるというのも経験的に想像できる。飛行機の翼もこれと同じで、迎角の大小で揚力を調整できる。機首を上げるような姿勢をとれば迎角が大きくなって揚力が増し、迎角を小さくすれば揚力も小さくなる。

これをなるほどと実感できるのは、旅客機の離陸である。ランウェイを走ってきた旅客機は、機首を上げると同時に地面を離れる。単純に「上を向いたから上がる」のではなく上を向いて翼の迎角を増し、その結果、揚力が増えたから上昇するのである。

このように翼は迎角を増すと揚力が増える。そしてこの性質は上昇や降下のとき以外にも使われる。たとえば時速九〇〇キロで飛んでいる旅客機が、着陸のために減速しようとする。しかし、ただスピードを落としていくだけでは揚力も減って降下してしまう。どうせ着陸するのだから降下したってかまわないが、度をすぎれば着陸というよりは墜落になってしまう。そこで減速するにつれて減っていく揚力を、機首を上げて迎角を増すことでおぎなってやるのである。いいかえるならば、機首を上げてやれば旅客機をゆっくりと飛ばすことができる。

ところが、これにも限界がある。迎角を大きくすれば揚力は増していくが、たとえば迎角を九〇度にしたら、つまり翼を風に対して垂直な壁のように立ててしまったら、もはや揚力

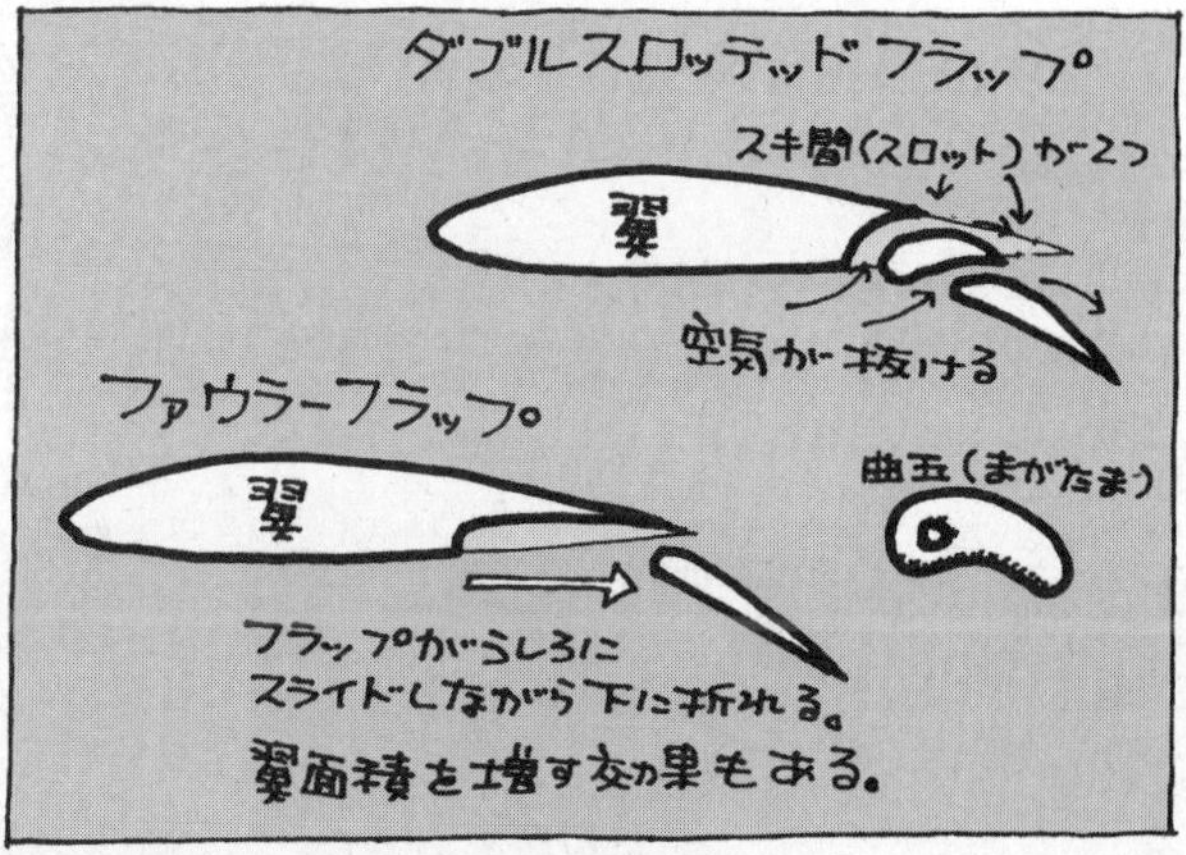

を発生するどころではないだろう。これではただの抵抗板である。それほど極端ではなくとも、ある程度まで迎角を大きくしていくと、もうそれ以上は揚力は増えずに、空気抵抗ばかりが増えてしまうという点がある。これが失速である。

失速したらもう飛行機は飛んでいられなくなるから、失速しないぎりぎりの迎角での速度が、その飛行機の飛んでいられる最低速度ということになる。それが離着陸速度よりも遅ければいいのだが、たいていのジェット旅客機ではまだ離着陸速度よりも速すぎる。そこで、より大きな揚力を発生してより遅く飛ぶための工夫が「形」である。翼の形を変えることができれば、より大きな揚力を発生できる。

一般に飛行機の翼というのは、上にややふくらんだ流線型断面をしている。流線型にするのは、もちろん空気抵抗を小さくするためである。だが、なぜ上にふくらませる必要があるのか。

実際には、翼はただの（上下対称な）流線型断面でもちゃんと飛べるし、そんな翼をつけている飛行機もある。しかし、これでは先ほどの板ッきれと同じで常に迎角をとってやらなければ揚力を発生できない。ところが迎角をとると揚力だけでなく空気抵抗も増えるから、できれば小さな迎角で大きな揚力を発生できる方がいい。そのための工夫が上にふくらんだ流線型断面なのである。

こんな翼の中心線を書いてみると、それは直線ではなく上に反った弧のような形になるだろう。この反りをキャンバーといい、単純にはキャンバーが大きいほど発生する揚力は大きくなる。たとえば古代日本の装身具である勾玉《まがたま》、あるいはペーズリー模様のような断面の翼は、けっこう大きな揚力を発生できそうだ。ただ、これほどキャンバーが大きな翼では空気抵抗も大きくなってしまうから、実際にはこんな形の翼は使われない。欲をいえば普段は小さなキャンバーで、しかし低速で飛びたいときだけキャンバーを大きくできるような翼ができれば具合がいい。

もちろん金属製の翼は、そんなに簡単には形を変えてくれない。ゴムのような素材で作る方法もあるが、強度や重さ、耐久性などに問題がありそうである。そこで飛行機の設計者たちは、もっとガサツな方法で翼のキャンバーを大きくすることにした。ただ翼の途中にヒンジをつけて、ポッキリと折れ曲がるようにしたのである。

なんとも乱暴な話ではないか。しかし、よく考えてみれば飛行機の舵だってみんなこの程度の仕組みで効果を発揮している。もちろん滑らかな翼と比べれば性能は落ちるだろうが、役に立つならばそれで十分である。

というわけで実用化されたのがフラップなど翼の形を変える高揚力装置だ。これによって旅客機は、時速九〇〇キロという高速から時速三〇〇キロ以下、さらには時速二〇〇キロ程度の低速まで、幅広い速度域で飛ぶことができるようになったのである。

高揚力装置

もっと揚力が欲しい。そんな願いをかなえてくれるのが高揚力装置。揚力が増えれば飛行機は上昇する。だけど高揚力装置は上昇するためにはあまり使われない。これが威力を発揮するのは低速で飛びたいとき。高揚力装置は低速飛行装置といいかえてもいい。

翼が、より大きな揚力を得られるようにする装置を高揚力装置という。揚力は速度の二乗に比例するから、高速では放っておいても十分な揚力が得られる。だから高揚力装置といったら、普通は「低速で飛ぶための装置」と考えてもよい。そんな高揚力装置の代表格が、翼の前縁や後縁を下に折り曲げてキャンバーを大きくするフラップだ。

ひとくちにフラップといってもいろいろとあって、簡単にポッキリと折り曲げるだけのものを単純フラップ（プレーン・フラップ）という。これでも威力はあるのだけど、ほとんどの機体はフラップを下げたときに翼本体との間に隙間ができる隙間フラップ（スロッテッド・フラップ）を使っている。こうすると隙間から空気が抜けてしまいそうだが、それでかまわない。というよりも、それこそが隙間フラップの狙いである。

翼に沿って流れる空気は、翼表面との摩擦のためにだんだんと元気を失ってくる。そんなときにさらにフラップでポッキリと翼を折り曲げたりすると、空気は翼からはがれて乱れた渦を巻き、大きな抵抗を生む。そこで隙間から勢いよく風を通してやることで上面の空気に「活」を入れ、気流を翼からはがれにくくしようというのが隙間フラップの考え

▲翼の後縁を下に折り曲げることでキャンバーを大きくするフラップ。写真の767は特に作動音がうるさい。▼フラップを下げると翼本体との間にスキマができる。空気が抜けてしまいそうだが、それこそが狙いである。

747のトリプルスロッテッドフラップは、ファウラーフラップとして後方にも伸びるようになっている。後縁の段差が伸びた分。かなり翼面積を増やす効果がある。

方である。

また一枚のフラップをポッキリと折るだけではあまりにも唐突なので、隙間フラップを何枚かに分けて段々と、滑らかにキャンバーを大きくできるようにしたのが二重隙間フラップ（ダブル・スロッテッド・フラップ）や三重隙間フラップ（トリプル・スロッテッド・フラップ）だ。枚数を増やした方がより滑らかになるが、それだけ機構も複雑で重くなる。航空自衛隊が使っている国産のC－1輸送機はなんと四重隙間フラップを装備しているが、これは短距離離着陸性能にとことんこだわったためで、普通の旅客機にはこれほどのフラップは必要ない。たとえばボーイング747は三重隙間フラップだし、それよりも新しいボーイング767やボーイング777は内側を二重隙間フラップ、外側をシングルの隙間フラップですませている。

実用旅客機として最初にフラップを装備したダグラスDC-3。１万機以上が生産される大ベストセラーになった秘密のひとつがフラップにあったといってもいいだろう。

フラップの動きは主翼の見える窓側に座っていれば観察できる。フラップを駆動するアクチュエーターは翼の付け根あたりについていることが多いので、動かすときには床下からけっこう大きな音でウニュニュニュニュと聞こえてくる機体もある。それを合図に窓の外を見れば、フラップが動いているのが見られるだろう。

とりわけボーイング747のフラップは見事で、ただ下に折れるだけでなく後方に大きくせりだしてきたうえで折れていく。このように後ろにせりだすものをファウラーフラップという、キャンバーだけでなく翼面積も大きくする働きがある。他の旅客機のフラップも多かれ少なかれファウラーフラップとしての効果を狙っているが、ボーイング747ほど派手にやってくれるものはない。

またフラップは翼の後縁だけでなく前縁に

も装備している旅客機が多く、ここでもボーイング747のクルーガーフラップがとりわけ派手である。これは前縁近くの下面部分がグルリと回転して前縁を前下方に延長するもので、完全に出きってしまえばどうということはないのだが、回転する途中でフラップが気流に対して完全に垂直に、まるで抵抗板のようになる瞬間がある。こんなのでよく平気で飛んでいるものだと思うが、注意していても変な挙動はまるで感じられない。飛行機なんて、要するにどんな形だって飛べるんだなとしみじみ思う。

フラップとよく似たものに、前縁の一部を前方にスライドさせて翼本体との間に隙間を作るスラットという高揚力装置もある。これはそのままではあまり揚力を大きくする効果はないが、迎角が大きくなったときに隙間フラップと同じように翼上面に空気を導いて「活」を入れ、失速を遅らせる効果がある。すると翼はより大きな迎角まで飛べるようになって、結果的に得られる最大の揚力が大きくなる。

また機体によっては主翼前縁の内側（胴体寄り）にはフラップをつけ、外側（翼端寄り）にだけスラットをつけているものもある。これは翼端失速を防ぐためである。

失速はどんな翼にも起こるものだが、たいていは翼全体で同時に起こるのではなく、まず一部が失速してそれが全体に広がっていく。とりわけほとんどのジェット旅客機が装備しているような後ろ向きの角度がついている後退翼、そして先端にいくにつれて細くなっているテーパー翼では翼端から先に失速しやすい傾向があるが、これは付け根部分の失速よりも危険である。

たとえば片側の翼端だけが失速すると、飛行機はバランスを崩してグラリと横に傾くことになる。それを修正するにはエルロン（補助翼）という舵を使えばいいが、エルロンはたいてい翼端についている。つまり失速して乱れた気流の中にあるから、修正しようと思ってもうまく効いてくれない。修正できなければコロリと回転しながら落ちてしまう可能性もある。

また後退翼の場合は翼端が重心よりも後ろにあるから、ここが失速して揚力が失われると飛行機はますます機首を上げる。ところが失速は迎角が大きくなりすぎて起こるのだから、そこでさらに機首を上げてはますます失速が悪化する。もともと失速はあまりうれしくないものだが、どうせならば翼の付け根、胴体側から先に失速してくれる方がずっとマシ、というわけで外側部分だけにスラットをつけて翼端失速を防ごうとしているのだ。

ちなみに、こうしたフラップを実用機として最初に装備して大成功を収めたのは一九三〇年代半ばに登場したダグラスＤＣ‐３だ。ダグラスＤＣ‐３はボーイングが開発した当時の超ハイテク旅客機モデル247に対抗するために作られたが、その切り札のひとつがフラップだった。ダグラスＤＣ‐３はボーイング247より一回り以上も大きく、普通ならばそのための大きな翼が必要になる。ところが大きな翼をつけると上空での巡航性能が悪くなってしまう。そこでダグラスはＤＣ‐３の主翼をそれまでの常識よりは小さくし、代わりにフラップを装備して十分な離着陸性能を与えることにした。それだけが理由ではないが、ダグラスＤＣ‐３は総生産機数が一万機を越える大ベストセラー旅客機となり、以後フラップはほとんどの旅客機の基本装備になったのである。

テイクオフ

どうして英語では、離陸することをテイクオフというのだろう。オフ(休暇)を取る、という意味もある言葉だが、仕事で旅客機に乗る人だっているだろう。連れ去るという意味もあるそうだけど、これは泣き別れの恋人用か。いったい誰が最初に使ったのか。

さあ、管制塔からの離陸の許可も得て、あなたの旅客機はランウェイに入った。ランウェイの長さは、ジェット旅客機が運航しているところなら一五〇〇メートル以上（小型機）から二五〇〇メートル以上（大型機）といったところだ。羽田空港や関西国際空港などといった主要空港ならば三〇〇〇メートル以上が普通だが、四〇〇〇メートル以上というのは滅多にない。ランウェイは長い方が安心だが、ジェット旅客機は二〇〇〇〜三〇〇〇メートルの

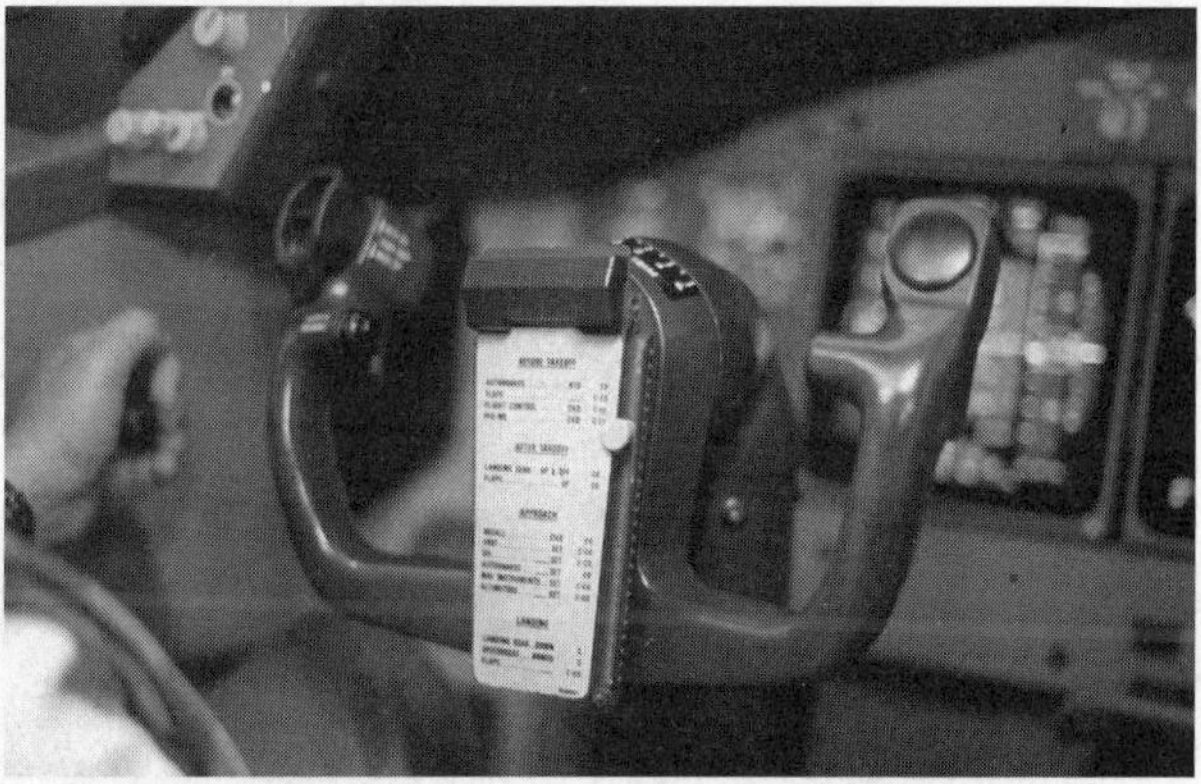
パイロット正面に置かれた操縦輪。単純には旋回したい方向に回してやればよい。自動車のハンドルに似ているが、前後動で機首の上げ下げもできるのが違いだ。

ランウェイで安全に離着陸できるように設計されるから、それ以上やたらと長くする必要もないのである。

離陸の手順は、だいたいどんなジェット旅客機でも同じである。エンジンを吹かして、まっすぐに加速して、十分なスピードがついたら操縦輪を引いて地面を離れる。そしてランディングギア（脚）をしまって、さらに加速しながら上昇していけばよい。

これは、順調にいけばさほどむずかしい操作ではない。素人でも、そこそこ筋のいい人がプロパイロットの指導を受けながら行なえば、口を出されるだけで（手を出されることなく）離陸できてしまえるかもしれない。これに対して着陸は、どんなに筋のいい素人でも手助け（文字どおり）なしに行なうのは無理だろう。

ところが旅客機のパイロットに聞くと、着

目の前に長く伸びる滑走路を見て、スラストレバーをいっぱいに前進させる。何も問題がなければ離陸はシンプルな操作だが、何か起こったときは非常に危険が大きい

陸でも緊張はするけれども離陸ではもっと緊張するという人が多い。確かに、すべてが順調にいけば離陸は簡単かもしれないが、万が一トラブルが起こってしまったときには非常に危険だからである。

なにしろ離陸時には燃料がたくさん積まれており、機体は重く鈍重である。そんな機体を空に浮かべようとエンジンはフルパワー近くまで回される。つまり機体全体が余裕のないぎりぎりの状態におかれる。もちろんエンジン故障や何かのトラブルで火災でも起ころうものなら、たっぷりの燃料がすべてを焼きつくしてしまうだろう。だからパイロットは、離陸中のいついかなるときに異常が発生しても迅速に対応できるよう、神経をとことん張りつめているのである。

で、具体的な離陸の手順だが、まずはスラストレバーを前進させてエンジンを離陸パワ

離陸のしかた ダイジェスト

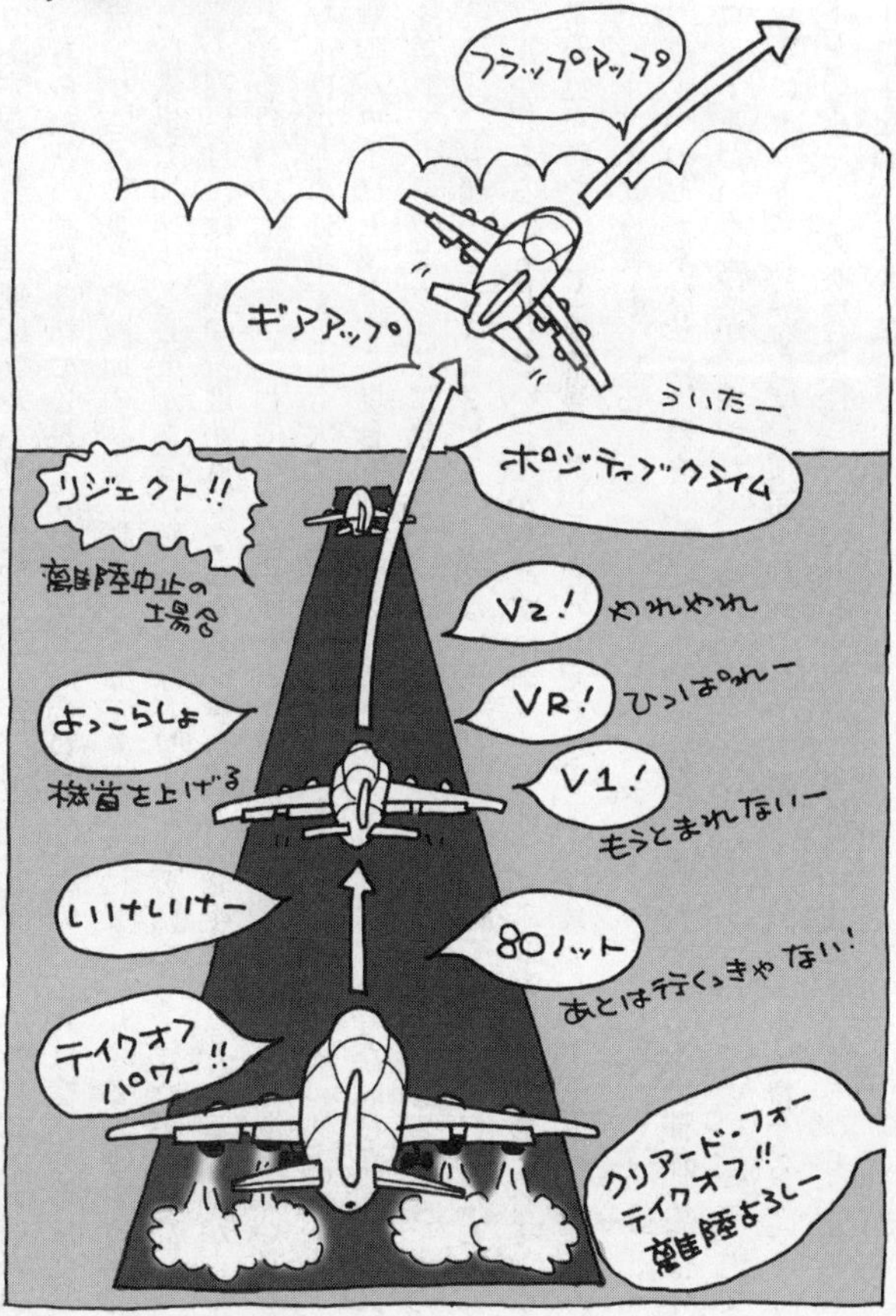

ーにセットする。昔は単純にフルパワーだったのだが、最近はエンジンの性能にも余裕があるため、あらかじめ計算された必要十分なパワーに合わせればよい。これは機体の重量だけでなくランウェイの長さや路面の状態、標高、そして気温などによって決まる。ランウェイが短ければ素早く加速する必要があるから、大きなパワーが必要になる。また標高の高い空港や気温の高い日には空気の密度が低くなるから、翼が揚力を発生しづらくなる。だからやっぱり大きめのパワーにセットしてやる必要がある。逆にランウェイが長く気温も低い日ならばパワーは小さめに設定しても大丈夫だ。

また離陸パワーにセットする場合も、いっぺんにパワーを上げてはならない。なにしろスポットを離れてからランウェイに乗るまで、エンジンはほとんどアイドル状態のままできたのだ。その間にも調子をチェックしているとはいえ、ひょっとしたら高パワーにしたとたんにトラブルが起こるかもしれない。だからまずは途中までスラストレバーを進めて各エンジンに異常が見られないことをチェックし、そのうえでさらにスラストレバーを進めて離陸パワーにセットするようにしている。

離陸パワーへのセットは昔は計器を見ながら手動で行なっていたが、最近の機体ならばオートスロットルという装置が装備されているのでボタンひとつを押すだけでいい。こうして離陸パワーにセットされたならば、地面を離れるまでそのままのパワーを維持する（つまりスラストレバーをいじる必要はない）。ただしパイロットは離陸中止に備えてしばらくスラストレバーに手を添えたままにしておく。

あとはランウェイから飛び出さないように直進を維持し、十分な速度まで加速するのを待つ。直進の維持に使うのはペダルだ。右に行きたいときには右のペダルを踏み、左に行きたいときには左のペダルを踏む。ペダルは前輪のステアリング機構と垂直尾翼のラダー（方向舵）の両方につながっていて、どちらも機首を左右に向けるという同じ働きを持つ。速度がまだ低くて舵がきかないうちには前輪によるステアリングが主体となるが、速度が速くなってくればラダーも効いてくる。

離陸滑走中にエンジン故障などのトラブルが発生した場合には離陸を中止して停止するが、あまり速度が速くなってからでは離陸を中止するのも危険である。

なにしろそれまでの離陸滑走で残りのランウェイは短くなっているから、そこから飛び出さないように停止するのはむずかしくなっている。しかも燃料をほとんど消費していない旅客機は重く、車輪ブレーキをかけても簡単には減速してくれないだろう。スラストリバーサーがあるとはいっても、エンジンが故障した状況では使えない可能性が高い。あとは主翼上面にエアブレーキがあるが、そのためにスラストレバーから手を離したりするうちに旅客機はどんどん先に進んでしまうだろう。最近の旅客機では離陸中止時にパイロットがスラストレバーを引き戻すと同時に車輪ブレーキとエアブレーキが自動作動するようになっているが、それでも速度が速くなってからの離陸中止は大変である。

新しい旅客機が開発されるときの試験の中でも、こうした離陸中止試験は最も過酷な試験のひとつだとされている。最大離陸重量でランウェイを加速してきた旅客機が途中でまた減

限られた滑走路の中で無事に飛び上がれるか、または加速を中止して停まりきれるかが離陸のむずかしさ。速度が速ければ、エンジン１発が故障してもそのまま離陸する。

速して停止するだけの地味な試験なのだが、限界まで酷使されたブレーキは赤熱し、ときに火を吹くこともある。翼の中には燃料が満載されているのだから、これは怖い。まあ、そうした試験に無事合格した旅客機だけが乗客を乗せて飛ぶことができているのだという安心の仕方もできるが、とにかく離陸を中止するというのは普通に考えられているよりはずっと大変なことなのである。

もちろん、ある程度以上の速度になってしまったら、もはや離陸を中止してもランウェイの中では停まりきれなくなってしまう。そこで旅客機は、ある決まった速度に達する前にトラブルが発生した場合には離陸を中止するが、それ以上の速度ではたとえエンジンが一発故障しても離陸を続行することになっている。つまり故障したエンジンに頼らずに飛び上がってしまうことになっているし、そう

十分な速度がつく前に重大な故障が起こった場合はスラストレバーを引き戻すだけで自動的に車輪ブレーキが作動。また主翼上のエアブレーキも全開して緊急停止する。

できるように作られている。この速度をV1（ブイワン）といい、日本語では離陸決心速度という。

V1の「V」は英語で速度を意味するベロシティーの頭文字で、「1」という数字には特に意味はない。たぶん「決心」を意味する英語の頭文字（Dとか）を組み合わせてもよかったはずだが、なぜか航空業界では離陸決心速度をV1と呼んでいる。V1はそのときの旅客機の重量やランウェイの長さによって変わり、飛行前にあらかじめ計算して求めておく。

一九九六年六月に福岡空港で離陸に失敗して炎上したガルーダ・インドネシア航空のマクダネルダグラスDC‐10の事故は、このV1を大幅に超え、もう車輪も浮いてしまったあとで機長が離陸を中止したのが原因のひとつだとされている。離陸を続行したところで事故にならなかったという保証はないが、少なくとも現在の旅客機はエンジンが一発故障しても離陸できるように作られており、一方でV1を越えても安全に停止できるようには作られていないのだから、機長は離陸を続行すべきだったのではないか。

離陸滑走でなんのトラブルもなく無事にV1を超えたならば、パイロットはそれまで離陸中止に備えてスラストレバーに添えていた手を放し、両手でしっかりと操縦輪を握る。そして、やはり機体重量などからあらかじめ計算されていた引き起こし速度でゆっくり操縦輪を引き、機首を上げて旅客機を離陸させる。この引き起こし速度はVRといい、「V」はやはり速度を、「R」はローテーション（引き起こし）を意味する。

どうして今度はV2ではなくVRなのかという疑問は残るが、V2というのはこれとは別に旅客機が安全に上昇するための目安となる安全離陸速度に使われている。V2は失速速度をもとに決められ、順調ならば車輪が地面を離れるころには突破してしまっているはずだ。

操縦輪を引いて機首を上げると旅客機が離陸するのは、先ほども説明したように主翼の迎角が大きくなって揚力が増すためである。そして車輪が地面を離れたならばランディングギアを上げて収納する。流線型の機体から突き出したランディングギアは空気抵抗のかたまりのようなものだから、なるべく早く収納してしまった方がいいのである。

もちろん、早い方がいいからと焦って地面を離れる前に収納してしまっては大変なことになる。だから旅客機ではランディングギアの緩衝装置（ショックストラット）が伸びたことが確認されるまではギア収納レバーがロックされるようになっている。さらにパイロットは

離陸したら、ただちにランディングギアを収納する。これはまず忘れることはないし、忘れても大事には至らないが、着陸前にギアを出し忘れそうになることは多い。

昇降計と高度計とによって確実に旅客機が上昇していることを確認したうえでギアレバーを操作するように決められている。

これよりもむしろ心配なのは着陸時にランディングギアを出し忘れてしまうことで、こうした事故はそれほど珍しいことではない。旅客機の場合はランディングギアを出さずに地上に接近すると機械音声で警告するような装置が組み込まれているが、そうした装置のない軽飛行機ではときどきランディングギアを出し忘れて胴体着陸してしまう事故が起きている。

また自衛隊の基地では、管制官は着陸の許可などと一緒に「チェック・ギアダウン（ランディングギアを出していることを確認せよ）」と親切にアドバイスしている。こういうのを聞くと、「やっぱり、けっこう忘れやすいんだなあ」と思う。

コントロール

飛行機が作られたのは二〇世紀に入ってから。この新しい乗り物を実現するために、新しい操縦方法も考える必要があった。だがいったい、人類にとって未知の世界だった空を自由に飛ぶためには、どんな操縦装置を使えばいいのだろうか。

離陸した旅客機は、さらに加速しながら上昇していく。加速するにつれてフラップなしでも十分な揚力を発生できるようになるので、これも段々と収納していく。フラップなどの高揚力装置は揚力だけでなく空気抵抗も増やしてしまうので、必要なくなったらサッサと収納してしまう方が効率がいいのである。

また多くの空港には、定められた上昇経路というのがある。要するに空の道で、パイロッ

トはこの道を踏み外さないように飛ばなければならない。自動車の道と違って踏み外したからといって転落（墜落）してしまうわけではないが、他の飛行機とぶつかってしまう危険は大きくなる。とりわけ空港の周辺は各地から向かってくる旅客機や各地に向けて飛んで行く旅客機で大混雑している。そんなところでそれぞれの旅客機が勝手に飛び回ったのでは危なくて仕方がない。

ここで問題になるのは、何の目印もない大空でどうすれば道をたどっていくことができるのかということ。そして道がわかったとして、どうすれば旅客機をその通りに飛ばしていくことができるのかということ、つまりどのように旅客機を操縦すればいいのかということだ。

上昇と降下について、また速度の増減についてはエンジンのパワーや翼の迎角を変えてやればよい。たとえばエンジンのパワーを大きくす

飛行機を旋回させるには、機首の向きを変えてやるだけでは十分ではない。操縦輪を回して機体を旋回したい方向に傾けてやる。バンク角は旅客機ならせいぜい20度以内だ。

れば速度が増す。速度が増すと揚力が大きくなるから上昇する。上昇しないで速度だけを増したかったら揚力が増えないように迎角を小さくして（機首を下げて）やればよい。速度は増さずに上昇率を上げたければ、もっと機首を上げてやればよい。逆に降下したければパワーを絞って減速してやれば、それにともなって揚力が小さくなって降下していく。高度は変えずに減速だけしたければ、パワーを絞りながら高度が下がらないよう機首を上げていけばよい。

また旅客機にも、自動車のようにブレーキがついている。なにしろ旅客機は、もともと空気抵抗が非常に小さくなるように作られているから、エンジンを絞ったくらいではなかなか減速してくれない。もちろん上空では車輪のブレーキを踏んだところで何の意味もないから、多くの旅客機はエアブレーキを装備して空気抵抗を大きくできるようにしている。

これはたいてい主翼上面についていて、普段は完全に翼面と一体化している。しかしコクピットのレバーを操作すると立ち上がり、空気抵抗を大きくできる。またエアブレーキを立てると、せっかくの滑らかな翼型が崩されて揚力を減じる（スポイルする）ことからスポイラーとも呼ばれている。

さて加速減速、上昇降下ができるようになったならば、あとの問題は左右への旋回だ。地上では自動車と同じく前輪を横に向けてやればよかったが、上空ではタイヤが地面についていないのだから仕方がない。前輪の向きを変えるペダルは同時に垂直尾翼についているラダーも動かし、これで旅客機の鼻先を左右に向けることはできたが、それでも旅客機を旋回させることはできない。

機体を傾けると揚力も傾き、旋回側にグイグイと引っ張られる。ただし適当に操縦輪を戻さないと１回転してしまう。

空気という、力持ちでは

あるけれども頼りないものに支えられて飛ぶ旅客機は、ただ鼻先の向きを変えたくらいでは思うように曲がってはくれない。それはちょうど、氷の上を横向きにスリップしていく自動車のようなイメージである。旅客機を旋回させるには、機体を旋回方向にグイグイと引っ張っていくような、もっと思い切った力が必要になる。そんな力を得るために、旅客機は機体を横に傾ける。

旅客機は空を飛ぶために、翼で上向きの揚力を発生している。この揚力は、まっすぐ機体の上に向かって伸びる力である。ところが機体が横に傾くと、揚力も横に傾く。たとえば重さ三〇〇トンの旅客機は、水平飛行ではちょうど三〇〇トンの揚力を発生している（だから上昇も下降もしない）。ここで機体を三〇度ばかり傾けてやると、傾いた揚力の水平成分は一五〇トンにもなる（これは普通の三角関数で計算できる）。つまり旅客機は一五〇トンもの力でグイグイと横に引っ張られる。これだけの力で引っ張られれば、いやでも旋回してしまうだろう。

旅客機を傾けるには、左右の揚力をアンバランスにしてやればよい。そのためについているのがエルロン（補助翼）という舵だ。エルロンは主翼の端についており、左右で逆に動くというのが特徴である。つまり右のエルロンを上げれば左のエルロンは下がり、左のエルロンを上げれば右のエルロンが下がる。エルロンが下がった側は翼のキャンバーと迎角が大きくなって揚力が増し、上がった側は逆に揚力が減るから、旅客機は傾く。

エルロンの操作は操縦輪を左右に回すことで行なう。右に旋回したいときには右に回し、左に旋回したいときは左だ。自動車で曲がるのと同じ向きだが、旅客機の操縦輪は自動車のハンドルのようにグルグル回す必要はなく、傾ける程度でよい。また小さな飛行機や戦闘機では操縦輪ではなくスティック型の操縦桿がついているものもあるが、これは回す代わりに旋回したい側に倒してやればよい。

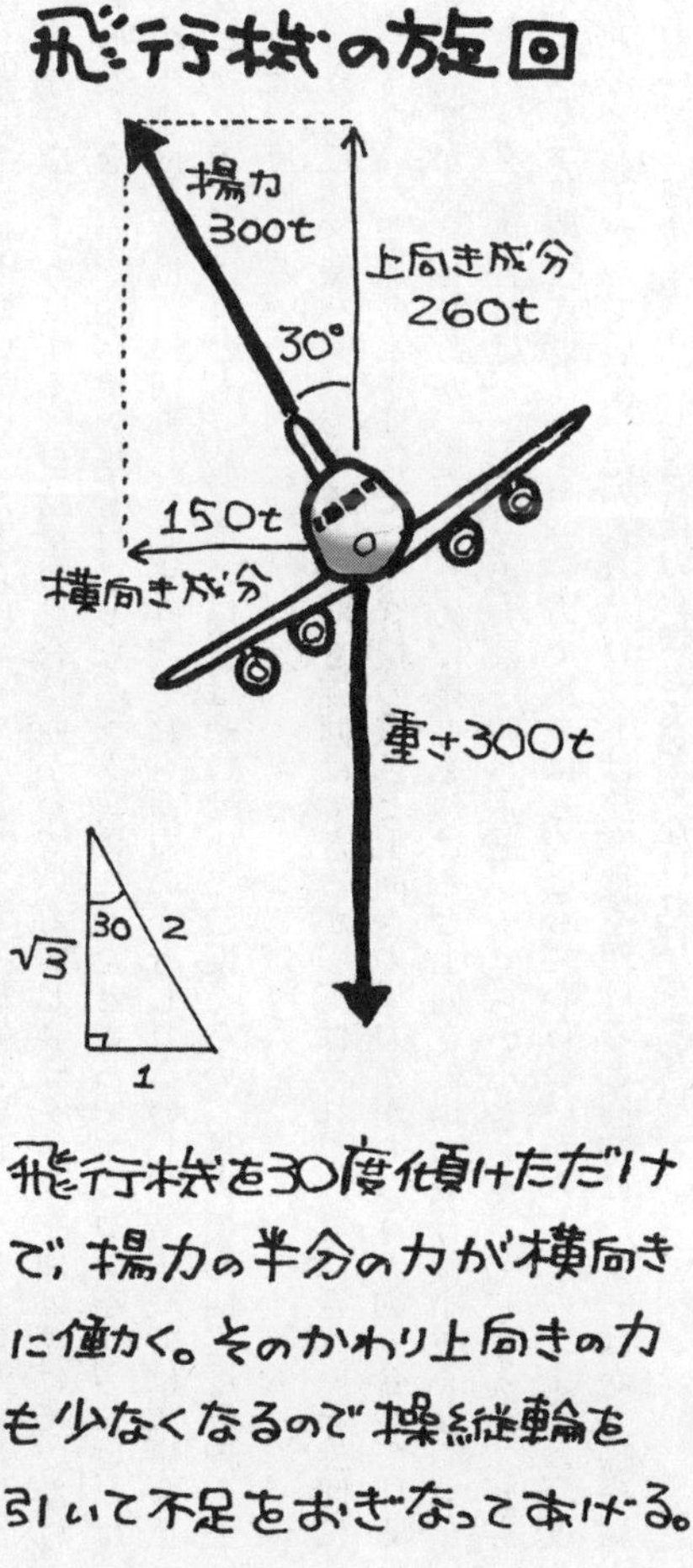

こうして機体が傾いていったならば、適当なところで操縦輪を戻してバンク角がそれ以上深くならないようにする。自動車の場合は曲がっている間じゅうタイヤを曲げ続けていなければならないが、旅客機の場合は必要なバンク角になったところでエルロンを戻さなければ、そのまま回り続けて一回転してしまう。それも面白いかもしれないし、空中戦では大事なテクニックであるけれども、旅客機の場合はせいぜい二〇度くらい、最大でも四五度以内のバンク角で旅回する。

こうして旅客機を傾けてやるだけでも旋回はできるが、実はそれだけではきれいな旋回にはならない。普通の水平飛行では旅客機の重さと上向きの揚力とがちょうど釣り合っているから高度が維持されるが、旋回のために揚力を傾けると上向きの揚力成分は小さくなる。三〇度バンクの場合には、上向きの揚力は一四パーセントくらい小さくなってしまう（これもやっぱり三角関数で計算できる）。一方で重さはちっとも変わらないから、そのままでは高度がどんどん下がっていく。だからパイロットは旅客機を傾けると同時に、少しばかり操縦輪を引いて（迎角を大きくして）揚力を増してやらなければならない。

また旋回を開始すると、内側の翼が受ける風よりも外側の翼が受ける風の方が速くなるため、外側の方が空気抵抗も大きくなる。つまり旅客機は旋回する側とは逆向きに機首を振られそうになる。これをアドバースヨーといい、打ち消すためにはラダーが有効である。そう、旅客機はラダーでは旋回できないが、きちんと旋回するためにはラダーが必要になるのだ（もっとも最近の旅客機はエルロンとラダーを連動させているので、普通に旋回するぶんにはまったくペダルを踏む必要がない。旅客機が勝手にラダーを動かしてくれるのだ)。

かくしてあなたの旅客機は、上昇も降下も、加速も減速も、左右への旋回もできることになった。空中では停止やバックはできないが、とりあえずはこのくらいできれば好きなところに飛んで行くくらいのことはできる。だが、どちらに飛んで行けばいいのかという問題は残る。それを決めるのが「航法」という技術である。

航法

空には網の目のように道が張りめぐらされている。目には見えないけれども、確かにあるという意味では赤道みたいなものである。また多くの空の道は、対面通行である。ところが右側通行でも左側通行でもないという。いったいどうやって衝突を防ぐのか。

旅客機がいまどこにいて、目的地に着くためにはどちらに飛んで行けばいいかを知る技術を航法（ナビゲーション）という。レジャーで楽しむ軽飛行機ならば地上を見ながら飛べばいいが、雲の上を飛ぶこともある旅客機は地上の景色だけに頼ることはできない。たとえ天気がよかったとしても、ずっと海の上を飛ぶようなルートでは目標にできるものもない。そこで何らかの計器などに頼る必要が出てくる。

777のコクピットにある液晶画面。右側の大型画面が航法情報を表示するND。電子化された航空地図を表示しているが、素人には地図に見えないのが悲しいところ。

航法に使われる最も基本的な計器はコンパス（方位磁石）と速度計、そして時計である。地図上で目的地までの方位と距離を調べれば、ある速度で飛んだときの所要時間もわかる。たとえば出発地から目的地まで、北北西にちょうど一五〇〇キロあったとする。ならばコンパスで北北西を維持し、時速九〇〇キロで飛べば一〇〇分で着く、はずだ。

そこであなたは北北西に進路をとる。方位が狂ってはいけないし、速度が狂ってもいけない。これらを正確に維持しながらストップウォッチを片手に飛ぶ。腕の見せ所だ。そしてちょうど一〇〇分後に地上を見ると、たぶん目的地はそこにはない。それは、周囲の風をまったく考慮していなかったからである。

この地球上では、まったく風が吹いていないということは滅多にない。ジェット旅客機が飛ぶ高度一万メートルもの上空では、時速

最近ではおなじみの客室用の現在位置表示。カーナビと同じだが、旅客機ではこうした表示は画期的だった。

一〇〇キロ以上の風が吹くこともざらである。こんな風に流されて一時間も飛んだら、それだけで一〇〇キロもの誤差がでる。これは「多少誤差が出ても、そばまで行けば見つけられるだろう」といえるような距離ではない。さらに洋上を八時間も飛んでハワイまでたどり着くのは絶望的だろう。そこで現代の旅客機が自分の位置や進行方向を知るためにもっぱら使っているのが無線航法と慣性航法、そして人工衛星を使ったGPS（全地球測位システム）航法である。

無線航法として代表的なのはVORとDMEである。VORには超短波全方位無線標識という仰々しい和名が、DMEには距離測定装置というそっけない和名がそれぞれについているが、面倒なのでVORやDMEという略語をそのまま使うのが普通である。

VORというのは、旅客機がその無線局からどちらの方位にいるかを調べる装置で、DMEというのは無線局からどれだけの距離にいるかを調べる装置である。VOR局を二つキャッチできれば両局からの方位をもとに自分の位置を知ることができるし、DME局を二つキャッチできれば今度は両局からの距離をもとに自分の位置を知ることができる。

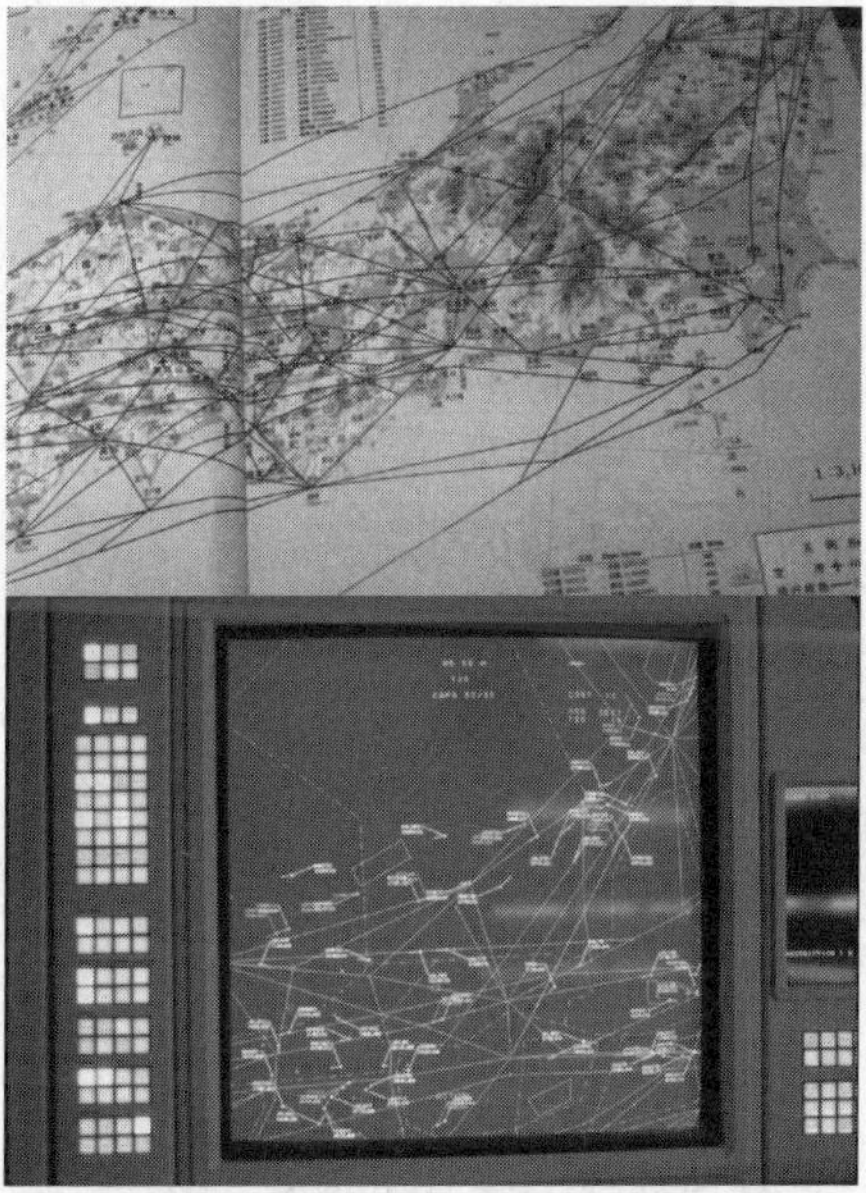

▲機内誌のルートマップは、妙にカクカクした線で結ばれている方が正確。実際の航空路が再現されているからだ。▼管制用のレーダー画面。空域を示す線と飛行機のシンボルが表示されている。これもいちおう地図になっている。

あるいはVOR局とDME局が同じ場所に併設されていれば（こういう局を安直にVORDME＝ボルデメという。ちなみにVORとDMEを分けて呼ぶときには、それぞれブイ・オー・アール、ディー・エム・イーと読む）、その一局からの電波だけでも自分の位置を知ることができる。そして日本の上空にはVOR局やVORDME局を結ぶように航空路が設定されており、旅客機はそれらをたどるようにして目的地に飛んで行けるようになっている。機内誌のルートマップなんかを見ると、目的地までを一直線ではなくカクカクと曲がったルートで飛ぶようになっている。この曲がり角のところには、たいてい無線航法局があると考えていい。

　VORやDMEは精度も高くて便利なのだが、電波の届かない場所では使えないという欠点がある。これらの電波が届くのは、せいぜい見通し距離までである。これでは水平線を越えて、はるかハワイに飛んで行くような洋上飛行では役に立たない。そこで水平線よりも遠くまで届く長波の電波を使ったＬＯＲＡＮなどといった無線航法装置もあるが、現在ではこんな装置を積んでいる旅客機はほとんどない。それよりも便利で正確な慣性航法装置（ＩＮＳ）が普及しているからだ。

ＩＮＳは外部からの電波には頼らず、機体に加わる加速度だけから自分の位置や速度を測定しようという装置だ。自動車で急発進するとシートに背中を押さえつけられ、カーブを曲がれば外側に体が倒れそうになる。このように物体の運動と受ける力（加速度）との間には密接な関係がある。そこで受ける力の大きさや方向を正確に測り、それをもとに進行方向や速度、そして移動距離などを求めよう（加速度を積分すれば速度が得られ、さらにそれを積分すると移動距離が求められる）というのが慣性航法の考え方だ。

たとえば誘拐されて目隠しで車に乗せられても、土地勘のあるところならば「あそこを右に曲がって、このくらい走って、こっちを左に曲がったから、今はこのあたりだろう」という程度は見当がつけられる。これをもう少し正確にしたのがＩＮＳといえる。ただし目隠しをされたあと長いこと車に乗っていると、だんだんどこを走っているのかわからなくなる。ＩＮＳの場合も、移動距離が長くなるほど誤差が蓄積されていくのが欠点である。実用化されているＩＮＳでは、これはたいした誤差ではないけれど。

たとえばＩＮＳを最初に標準装備したボーイング747では、東京からハワイまで飛んで行っ

GPS 人工衛星からの電波をうけ、それぞれからの距離から自分の位置を求める。
INS（慣性航法）
機体に加わる加速度から、移動の方向や距離を求める。
VOR/DME
地上の無線局からの方位や距離を調べる。
旅客機の代表的な航法

ても数キロ程度の誤差しかないといわれた。ランウェイの長さが三キロ程度であることを考えれば、このくらいの誤差は十分に許容範囲といえるだろう。たとえ一〇キロの誤差がでたとしても島影は十分に見えるはずだし、見えなくても島の無線航法局からの信号が問題なくキャッチできるところまでは飛んで行ける。その段階で誤差を補正してやれば、間違いなく空港には着ける。

しかも最近のINSはボーイング747が登場した当時よりもさらに精度が高くなっているから、ほとんど誤差らしい誤差はないといってもかまわない。あとの問題は、INSが非常に高価でデリケートなため、軽飛行機などに気軽に搭載できないということくらいである（たぶん機体の値段よりも高くついてしまうだろう）。

また近年になって急速に普及してきたのがGPSだ。これはカーナビゲーション・システムでもすっかりお馴染みになった航法装置で、複数の人工衛星からの電波を受信して三角測量の原理で現在位置を測る。INSのように誤差が蓄積されることがなく、人工衛星の電波をキャッチできるところならば世界中どこでもほぼ同じ精度が得られる。

自動車ではトンネル内などでは電波が受信できないという欠点があるが、さえぎるもののない大空を飛ぶ旅客機にはまずそうした心配はなかろう。しかもINSよりはずっと安上がりだから、軽飛行機にも気軽に搭載できる（とはいえ航空用になるとやっぱり高いので、自家用機では自動車用GPSやらハンディGPSやらをそのまま使っている人も多い）。

ただ問題はGPSがもともとアメリカ国防総省によって開発された軍事衛星だということ

で、民間で使うことも想定されているとはいえ、いつ運用を中止されたり精度を落とされたりするかもしれない。そこでヨーロッパ各国やロシアは独自のGPSシステムを開発中だが、どのシステムについても同じような不安がないわけではない。そんなこともあって、旅客機ではGPSを利用する場合でもあくまで他の航法と併用することになっているが、ますます重要性を増している技術ではある。

航空管制

航空管制は、列車の信号システムに似ている。多くの飛行機が同じ道を通るように決め、一機が通りすぎたら一定の時間、一定の距離があくまでは青信号を出さないようにする。問題は飛んでいる旅客機は見えにくいこと。そして赤信号でも停まれないということだ。

旅客機は自分の位置を知り、また目的地に向かうことのできる航法装置を装備している。しかし、だからといってそれぞれの旅客機が自分勝手に空を飛び回ったのでは危なくて仕方がない。たとえば時速九〇〇キロで飛ぶ旅客機同士が正面から接近すれば、その接近速度は毎秒五〇〇メートルにもなる。よく晴れている日に一〇キロ先で相手を見つけたとしても、すれ違うまでは二〇秒しかない。まして視界の悪いときには、相手の姿を見ながら避けるこ

羽田空港の管制塔。最上階の黒窓が管制室。見晴らしがいいが、天気が悪いと離陸したばかりの旅客機も見えなくなる。

となどできるはずがない。これでは、いずれ衝突事故が起こっても不思議はない。

そこで旅客機は地上の航空管制官の指示にしたがって、つまり航空管制官の交通整理のもとに飛ばなければならないことになっている。航空管制官にしたところで飛んでいる旅客機が見えているわけではないが、そこはちゃんと工夫して全体状況を把握し、旅客機同士が衝突したりすることのないような仕組みがいろいろと考えられている。

その第一は、旅客機が通るべき空の道、すなわち航空路を決めてやるということだ。INSやGPSのように地上の施設に頼らない航法装置が普及する以前は、旅客機にとって最も頼りになるのはVORやDME、そして今では旧式化しているNDB（無指向性ビーコン）などといった無線航法装置だった。こうした無線航法局は航空路に沿って整備されていったから、旅客機にとっては航空路を通るのが最も迷子になりにくい。そして航空管制官にとっても、旅客機がこのように決まった道を通ってくれるというのはありがたい。

このイメージは、スクランブル交差点の横断歩道と普通の横断歩道の違いに似ている。スクランブル交差点を好き勝手な方向に渡る人たちを交通整理するのは大変だが、普通の横断歩道に変えれば進行方向がすっきりして交通整理もしやすくなる。交差点を対角線方向まで渡りたい人は歩かなければならない距離が増えるが、それよりもきちんと交通整理できた方が安全だというのが航空管制の考え方だ。

もちろん普通の横断歩道にしたところで、向かい側から歩いてくる人や後ろから追い抜いてくる人との衝突の危険はある。航空路でもそれは同じだ。そこでまず、反対側から飛んでくる旅客機との正面衝突を避けるために「車線」を分けてやることにする。高速道路のように完全に車線を分けてしまえば、まず正面衝突の心配はなくなる。

だが航空路は右側通行なのだろうか、左側通行なのだろうか。あるいは自動車のように国ごとに違うのだろうか。たとえば旅客機同士が正面衝突しそうになったときは、お互いに右旋回で避けるのが万国共通のルールである。これを拡大解釈していけば、航空路は右側通行となる。だが実際には航空路は右側通行でも左側通行でもない。進行方向ごとに高度で「車線」を分けているからだ。

こういう分け方は、空を飛ぶ旅客機ならではといえるだろう。たとえば東行きの旅客機は二万三〇〇〇フィートとか二万五〇〇〇フィートを飛び、西向きの機体は二万四〇〇〇フィートとか二万六〇〇〇フィートを飛ぶようになっている。また、この方法ならば同じ方向に進む旅客機をいくつかの高度に割り振ることもできる。高度を変えれば片側三車線でも四車線でも作れるのである。

ちなみに「フィート」などという唐突な単位（一フィートは約〇・三メートル）を持ち出したのは、日本を含めた多くの国で飛行機の高度にはフィートを単位とすると決めているからだ。その理由は、たぶん世界最大の航空王国であるアメリカがフィートを使いたがっているからで、ほかに合理的な理由はあまり見当たらない。

航空関係者の中には、航空路の上下間隔をキリのいい一〇〇〇フィート（約三〇〇メートル）刻みの数字で表せるのがメリットのひとつだという人もいるが、これはどうだろう。確かに一〇〇メートルでは近すぎるし、一〇〇〇メートルでは遠すぎるが、三〇〇メートル刻みにしても五〇〇メートル刻みにしても慣れれば同じだ。現にアメリカの意向なんか全然気にしないロシアや中国が（あるいは昔の日本も）メートルで高度を表して全然不自由していないのだから、メートル法でも問題はないはずなのだ。

いずれにせよ航空路ですれ違う旅客機の上下間隔は低高度では一〇〇〇フィート、そして高々度（二万九〇〇〇フィート以上）では二〇〇〇フィートとなっている。一〇〇〇フィートというのは約三〇〇メートルだから、ちょうど東京タワーの高さくらいだろうか。かなり離れているようだが、ボーイング747の長さが七〇メートルもあることを考えると、その四機分にすぎない。けっこうきわどい距離といえる。

なにしろ道路ならば中央分離帯やラインといった目印があるが、空には目印を引くことはできないから、こうした高度差を維持するのはそれぞれの旅客機の積んだ高度計だけが頼りになる。つまり高度計が狂っていたら、「車線」をはみ出しても気づかずに正面衝突してしまう危険がある。

ところがこの高度計というのが、素人目にはまたなんとも怪しげなシロモノなのである。旅客機が高度を知る方法はいろいろと考えられるが、主に使われているのは気圧高度計といって、上空にいくほど気圧が低くなるという空気の性質を利用している。簡単にいってしまえば、普通の気圧計の目盛を高度に書き換えてしまっただけのものである。精度は高く作ってあるのだが、なにしろ気圧自体がその場所で、また時間によってコロコロと変化するから厄介である。

もちろん、そのままでは飛行機の高度計もコロコロと指示を変える。たとえば地上に置かれたままの飛行機の高度計でも、低気圧や高気圧の通過にともなって針は上昇したり下降したりしている。そこでパイロットは離陸前に、また飛行中にも機会あるごとに高度計を補正しながら飛ぶ必要がある。

そのための数値は航空管制官から通知されるが、時速九〇〇キロもの速度で飛んでいるといくら補正をしても追いつかない。そこで旅客機は、高々度を巡航するときにはその場所の気圧に関係なく高度計をぴったり一気圧（一〇一三ヘクトパスカルまたは二九・九二インチ水銀）に補正して飛ぶことになっている。これではたぶん正確な高度を測ることはできないは

航空路のレーダー管制を行なっている東京航空交通管制部。空域はいくつものセクターに分割され、セクターを越えて飛ぶ旅客機は担当管制官を交代して引き継いでいく。

ずだが、まわりを飛ぶ旅客機もすべて同じ数値で高度計を補正して飛んでいるというところがミソである。つまり実際の高度とのズレはあっても、他の旅客機もみな同じようにズレて飛ぶことになるので衝突する心配は少なくなるのだ。

こうして対面通行の旅客機ごとの高度を分けて正面衝突の心配がなくなったならば、次に防がなければならないのは追突事故である。つまり同じ方向に飛ぶ旅客機同士が、ぶつからないようにしてやらなければならない。そのためには同じ方向を飛ぶ旅客機でも高度を分けてやればいいが、それだけでは十分な交通量を確保することができない。そこで同じ高度でも適切な前後間隔が維持されればどんどん旅客機を飛ばすようにする。

だが、どうやって旅客機同士の前後間隔を測ればいいのだろう。例によってコクピットからの目視はあてにできないし、もちろん地上からも見えない。今ならばレーダーで監視することもできるが、昔は「旅客機の車間距離」を測るためのレーダーなんかほとんどなかった。そもそもレーダーにしても電波の届く範囲にはかぎりがあるから、ハワイまで飛ぶような洋上では役に立たない。

そこで考え出されたのがポジションレポートという方法である。これは航空路にいくつかの場所を決めておき、パイロットはそこを通過するときに航空管制官に報告するというルールである。たとえば航空路を東海道新幹線の線路にたとえると「ただいま名古屋を通過」とか「浜松を通過」といった具合に報告させれば、それぞれの位置や前後間隔を推測することができる。そのうえで接近しすぎるようならば後続機に減速を指示したり、遠回りさせて距離を開くようにすることができる。この前後間隔はおおむね四〇キロ足らずまたは時間にして一〇分といったところだが、レーダーで直接監視できる場合にはもっと間隔を縮めることができる。そして現在では、日本の上空はほとんどがレーダーによってカバーされている。

レーダーの電波が届かないような遠い洋上を飛ぶフライトでは長くポジションレポートが必要とされていたが、これもほぼ不要になっている。これはパイロットがポジションレポートをする代わりに旅客機が自動的に自分の位置や高度などを管制機関に送信する装置が作られているからだ。最近の旅客機はINSやGPSを使って非常に精密に位置を測ることができるから、各機ごとのそうしたデータを集めればかなり正確に全体の交通状況を知ることができる。

また航空管制では、こうした航空路の安全だけでなく空港とその周辺での安全確保も重要である。空港内をタキシングする旅客機がぶつかったり、正面同士で立ち往生したりしないように（なにしろ旅客機はバックできないのだ）的確に誘導してやる必要がある。また滑走路で離陸する旅客機と着陸する旅客機がぶつかったりするようなことがあっても大変だ。

このような空港での航空管制には、大雑把には目視による航空管制とレーダーによる航空管制とがある。たとえば地上でのタキシングや滑走路の離着陸を管制する場合は、主として目視に頼る。だからこうした管制官は見晴らしのよい塔（管制塔）のてっぺんから全体の様子を眺めながら指示を出す。

ところがどんなに管制塔の見晴らしがいいといっても、離陸した旅客機はすぐに見えなくなる。天気が悪ければ、離陸した直後から見えなくなる。そこで離陸した旅客機が航空路に乗るまで、あるいは航空路を外れた旅客機が空港に近づくまではレーダーを使って誘導する。そのための部屋は、たいていは管制塔の下のビルの中にある。そしてレーダーのモニターの画面に外の光が反射することをふせぐために窓がないことが多い。

同じ航空管制官の職場といっても、一方は空港で一番見晴らしのいい管制塔の上、そして一方は窓もない部屋の中というのだから不公平感がつのっても不思議はない。だから、というわけではないが航空管制官はその日によって交替で目視での管制を担当したりレーダーでの管制を担当したりするのである。

着陸

時速九〇〇キロで飛ぶ旅客機が、そのままの速度で地面に着いたら着陸ではなく墜落になる。定められた角度よりも深く地面に着いても、やはり着陸ではなく墜落になる。タフなようでも旅客機にはやさしさが必要だ。着陸はデリケートな作業なのである。

空を飛んでいる旅客機はバックできないから、空の道には行きどまりはない。あったら困る。だけど始まりと終わりはある。それはランウェイだ。空の道はランウェイから始まり、ランウェイで終わる。そして、あなたの乗った旅客機はそろそろ着陸する。目には見えなくても空にはちゃんと道がある。それは旅客機が離陸してから着陸するまで、切れ目なく続く道である。だから、その道を正しくたどっていけばランウェイまでは着ける

時速250キロで滑走路に滑りこむ旅客機。減速したとはいえ、パラシュートを開く前のスカイダイバー以上の速度だ。

はずだ。ただし、きちんと手順を踏まなくては安全には降りられない。なにしろジェット旅客機は時速九〇〇キロで飛んでいる。そのまま突っ込んだら、着陸というよりは墜落になる。

着陸への第一歩はエンジンを絞って降下を開始することだ。まずはそのタイミングをうまく決めなければならない。ジェット旅客機は空気の薄い高いところを飛ぶほど効率がいいから、あんまり早くから降下しすぎると空気の濃いところを飛ぶ時間が増えて燃料を余計に消費してしまう。かといって降下開始が遅すぎると、エアブレーキをガンガンと使わねば降下しきれないだろう。だけどエアブレーキを使うということは、それだけ無駄にエネルギーを浪費するということでもある。どうせならばエンジンを一杯に絞って、だがエアブレーキを使わずにぴったりランウェイの

最終進入中のA300。右側に立っている塔は計器着陸装置（ILS）用に進入角度を示す電波を発射する装置。正しいコースからの上下位置がコクピットの計器に表示される。

近くまで降りてこられるようなタイミングで降下を開始するのが一番効率がいい。

もちろん、旅客機がいつも一番効率のいいタイミングで降下を開始できるとは限らない。パイロットが降下を開始するにもいちいち管制官の許可が必要だし、もし下に旅客機でも飛んでいればパイロットがリクエストしても降下の許可は得られないだろう。あるいはスケジュールより遅れ気味のときにはあえて目的地の近くまで高々度をカッ飛ばして、最後にエアブレーキを使ってドーッと降ろしてしまうこともあるかもしれない。だけど基本的には、エンジンを絞って自然と空港の近くまで降りてこられるようなタイミングが一番無難であるということだ。

そして降下をしながら、速度もだんだんと落としていく。とりあえずの目標は時速九〇〇キロから、半分の時速四五〇キロ程度まで。

着陸のしかた ダイジェスト
ギアダウン、フラップダウン
速度をおとしながら
正しいコースを降下
接地と同時に
エアブレーキ自動全開！
車輪ブレーキ自動作動！
そして逆噴射！
エンジンを絞り
機首を上げながら
メインギアから接地

数多くの旅客機が集まる大空港の周辺では、規則によって最高速度がこの程度に制限されているからだ。

　そして着陸の前には、さらに半分の時速二五〇キロ以下まで減速してしまう。これは離陸するときの速度より遅いが、着陸のときには離陸のときよりも深くフラップを下げるので、より低速でも飛んでいられる。もちろん離陸のときにも同じような深いフラップを使えばより低速で地面を離れることができるはずだが、深くフラップを下げると空気抵抗が大きくなるので加速は悪くなり上昇にも時間がかかる。だから離陸では、着陸よりも浅いフラップを使うのである。

　もちろん着陸のときでも、あまり早くから深いフラップを使えば余計に燃料を消費することになるから、減速に合わせて少しずつフラップを下げていくようにする。ちなみにオートパイロット（自動操縦装置）を使えばパイロットはまったく

夜の滑走路に着陸する。手前が進入灯で、長く横に並んだライトから先の台形が滑走路。滑走路左横に4灯のライトが見えるのがPAPIだ。赤白に色を変えて進入角度を表示。

操縦輪に触れることなく旅客機を飛ばすことができるし、条件がよければそのまま手放しで着陸することもできる。しかしオートパイロットを使うときでも、ランディングギアを降ろすなどといった操作はパイロットが手動で行なわなければならない。

またランウェイが近づいてくると、上空とは違った電波航法装置が使えるようになる。それはＩＬＳ（計器着陸装置）といって、ランウェイから進入経路に沿って発射されている二つの電波と、ランウェイまでの距離を示す電波からなる。

進入経路を示す電波には、進入角（上下位置）を示すグライドパス電波と、ランウェイの延長線（左右位置）を示すローカライザー電波とがあって、コクピットの計器にはそれぞれからのズレが表示される。そのズレがなくなるように操縦すれば、旅客機は正しい進

滑走路の横に並んで4つPAPIが設置されている。それぞれに高さごとに見える色が変わり、低いときは赤、高いときは白く見える。赤2灯、白2灯が適正な進入角度になる。

入経路ぴったりに降下していくことができる。

ＩＬＳは電波を使うので、たとえ天気が悪くてランウェイが見えないというときでも安全に進入できるのが特長である。ただし着陸まで完全に盲目状態でいいかというと、将来的にはそのような方向で整備されていくことになるが、現在のところはまだ最終段階でパイロットがランウェイを目視することが要求されている。たとえば地面までべったりと雲に覆われているような状態（要するに霧でまったく視界がない状態）では、いくらＩＬＳを使っても着陸することはできない。

どこまで降下するうちにランウェイが見えなければならないという基準は空港の施設や旅客機の装備、そしてパイロットの資格などによって決まっている。だから「A社は降りられているのに、なんでB社は降りられないんだ」ということもありうるし、同じ航空会社であっても「あっちの便は降りられたのに、どうしてこっちは降りられないんだ」ということもありうる。

いずれにせよ規定の高度までにランウェイが見えなければパイロットは着陸を断念し、上昇して着陸をやりなおさなければならない。これをゴーアラウンドとかミストアプローチなどという。

気象の回復が見込めずに何度着陸をやりなおしても駄目だという場合には、燃料があるうちに別の空港に降りることになる。これをダイバートという。パイロットは出発前に、常に目的地の天候が悪かった場合の代替着陸地を決めており（そこそこ近くだが、天気の傾向が違うところが選ばれる）、そのための燃料も積んでいるのであまり心配することはない。目的地に着けないのは困るけれども、ランウェイが見えないのに無理して着陸を強行して事故にあうよりはマシである。

またランウェイが見える場合には、目視で進入角を判断できるＰＡＰＩ（精密進入角指示灯）というライトも用意されている。これはランウェイの横に四灯並んだ赤白のライトで、見る高さによってそれぞれのライトの色が変わるように作られている。多くの旅客機は着陸時にビデオで前方の景色をスクリーンに投影してくれるようになっているから、これは乗客でも見えるはずだ。ランウェイの接地点付近の左側に、横に四灯並んで見えるライトがＰＡＰＩである。

ＰＡＰＩは高すぎるときは四灯すべてが白く見え、正しい進入角に近づくにつれて一灯ずつ赤になっていく。正しい進入角に乗っているときには白と赤が二灯ずつだ。逆に低すぎるときには赤が三灯に増え、赤が四灯になるとかなり低い。高すぎるぶんには着陸をやりなおすこともできるが、低すぎて地面にぶつかってしまってはやりなおしはきかない。シートベルトをしっかりと締めなおして安全姿勢をとった方がいいかもしれない。

ブレーキ

限られた長さのランウェイの中で停止するために、旅客機は三つのブレーキを使って減速する。三つもあるのは豪勢で悪くないが、問題は操縦しながら同時に操作するには手や足が足りないということ。猫の手を借りてもいいが、とりあえず自動装置を使う。

着陸時の速度は、ボーイング747で時速二五〇キロ程度だ。ランウェイの端をすぎたあたりでパイロットはゆっくりとパワーをアイドルまで絞り、やや操縦輪を引いて機首を上げながらメインギアから接地させる。このように着陸直前にゆっくりと機首を上げていく操作をフレアーというが、こうすることで旅客機はさらに減速する。

機首を上げると再び上昇してしまうのではないかと思うかもしれないが、旅客機は大きい

着陸時に使うブレーキは3つだ。車輪が接地すると同時に車輪ブレーキと主翼上のエアブレーキが自動的に作動。さらにパイロットが手動でエンジンを逆噴射する。

からゆっくり機首を上げていったところで簡単に上昇へは転じてくれない。しかもあっさり上昇できるほどの速度も残っていない。そうしたことを見越して、降下率が十分に小さくなったときにうまく接地できるタイミングでフレアーをかけるのである。

接地したならば、ただちにブレーキをかけて減速開始だ。なにしろ停まるまでに残されたランウェイの長さは限られている。着陸時に使う旅客機のブレーキは、車輪ブレーキと主翼上面のエアブレーキ（スポイラー）、そしてエンジンのスラストリバーサー（逆噴射装置）の三つだ。

車輪ブレーキは自動車と同じくディスクブレーキだが、自動車のブレーキディスクがせいぜい一枚しかないのに対して、旅客機では何枚も装備して制動力を高めている。またブレーキを強く踏みすぎてタイヤをロックさせてしまうと制動力が弱まってしまうので、自動車と同じくアンチロックシステムが組み込まれている。これらディスクブレーキやアンチロックシステムは、自動車のマネをしたというよりは自動車がマネをしたもので、普及したのは旅客機の方が先である。

エアブレーキは上空での減速にも使ったが、地上では上空よりも大きな角度まで、翼面に対してほぼ直角になるまで全開する。これは空気抵抗を増やすだけでなく、揚力を減らして車輪にかかる重量を大きくし、車輪ブレーキの効きを高める効果もある。

スラストリバーサーはジェットエンジンの排気口にフタをして、排気を強制的に前方に向けるものだ。とはいえジェットエンジンの排気は熱くて勢いもある。こんなものにフタをするのはそう簡単ではない。そこで最近のジェットエンジンでは熱い排気ガスはそのまま見逃して、その周辺を流れる冷たいバイパスエアだけを逆噴射してやるものが多い。

ジェット旅客機が装備しているのはジェットエンジンの中でもターボファンといわれるタイプで、これは前方から吸い込んだ空気のごく一部だけを燃やし、あとはファンで加速するだけでそのまま後方に（バイパスして）排出するようにしている。この燃やす空気とバイパスする空気の比率をバイパス比というが、最新のボーイング777用エンジンではバイパス比が九近くもある。つまり吸い込んだ空気のうち一割あまりしか燃やさない。だから厄介な高温燃焼ガスはそのまま後ろに逃し、冷たいバイパスエアだけをせきとめて前方に逃がしてやるだけでも十分な制動力が得られる。

これら三つのブレーキの操作は、車輪ブレーキはペダル上方を踏むことで、エアブレーキはエアブレーキレバーを引くことで、またスラストリバーサーはエンジンの推力を調整するスラストレバーに付属している小さなスラストリバーサーレバーを引くことで行なう。着陸時にはパイロットは片手で操縦輪を握っているから、空いている手は一本しかない。足で操作する車輪ブレーキはともかく、エアブレーキとスラストリバーサーを同時に操作することはできない。

「だからパイロットが二人いるんだろう」といえないこともないが、二人のパイロットの役割分担では原則として機体の操縦は一人のパイロットが、そしてもう一人のパイロットは操縦以外の業務を行なうことになっている。別にこれだけ例外にしてもかまわないのだが、やはりブレーキを含む操縦操作はパイロット一人で行なえるようにするのが基本だ。そこで最近の旅客機は、車輪が接地すると同時に車輪ブレーキとエアブレーキが自動的に作動するような装置がつけられている。つまりパイロットが手動で操作しなければならないブレーキはスラストリバーサーだけにしている（ただし自動ブレーキが作動したかどうかはちゃんと確認し、もし作動しなかった場合には手動で操作する）。

こうして三つのブレーキをかけたならば、あとはランウェイを飛び出さないように注意しながら旅客機が減速していくのを待つ。ここでも進路維持はペダル、そしてランウェイを出たあとはステアリングチラーを使う。また十分に減速したならばスラストリバーサーを戻し、車輪の自動ブレーキを解除する。いつまでも自動ブレーキをきかせたままではランウェイの上で停止してしまうが、それでは後がつかえてしまう。自動ブレーキを解除するには、一度ペダルの上をギュッと踏んでやればよい。

ランウェイを出てスポットに向かいながら、エアブレーキを手動で収納し、またフラップもフルアップの状態に戻す。こういうのはターミナルビルから見ていてもわかるはずだ。ときどき、いつまでもスポイラーを立てっぱなし、フラップも下げっぱなしでタキシングしてくるのもいるが、たいていはヤキモキして（?）いるうちにちゃんと収納する。

またスポットに入ってエンジンを停止すると、それと同時にエンジンから供給されていた電気や空調用の空気も得られなくなってしまう。そこでタキシングをしているうちに胴体後部に入っている小型エンジンＡＰＵを始動しておく。

ただ最近は燃料節約と環境対策のために、ＡＰＵの代わりに地上からの電気や空調を利用することも多くなっている。この場合はスポットに入ってもただちにエンジンを停止せずに、地上の整備士が電気のプラグをつなぐのを待つ。といっても、せいぜい十数秒のことだけど。そして電源を切り換えてエンジンを停止させればフライトも完了だ。

第4章 旅客機を飛ばす人たち

機長

フライトの最高責任者。他のパイロットやクルーだけでなく、乗客も機長の命令には従わなければならない。たとえ航空会社の社長が乗客として乗っていたとしてもだ。ただしドサクサにまぎれて「給料を上げろ」と命令しても、たぶん聞いてはもらえない。

「操縦席にこもって旅客機を飛ばす乗務員」のことをコクピットクルーと呼ぶ。普通の人は「パイロット」のひと言で済ませてしまうことが多いが、パイロット以外のクルーも乗務していることがあるので、それらを総称してコクピットクルーという。

とはいえコクピットクルーの代表格は、やはりパイロット（操縦士）である。定期便の旅客機には最低でも二人のパイロットが乗務することになっており、操縦装置も左右二セット

通常は機長が左席で操縦を担当し、副操縦士が右席でその他の操作を担当する。肩章に金や銀の４本線がつくのが機長というのは国際的にほぼ共通。写真はベトナム航空だ。

装備されている。このうち主たる操縦席は左席で正操縦士、そして右席には副操縦士が座る。ただし正操縦士という言葉は現代の航空会社では死語になっており、たいていは機長（キャプテン）という。その飛行機の長（最高責任者）という意味である。ただし軍用機では正操縦士と機長とが別のこともある。

また機長という言葉には「資格としての機長」と「役割としての機長」の二通りがあるので、ちょっとばかり注意が必要である。

資格としての機長は必要な国家資格（定期便の旅客機ならば定期運送用操縦士という資格）を取得したうえで航空会社から発令されるもので、ジャケットの袖やワイシャツの肩に四本のライン（たいてい金色）を縫い込んでいるのが特徴である。たとえば世間話などで「お隣のご主人は旅客機の機長さんなのよ」という場合は、こうした資格としての機長を意味する。

役割としての機長はフライトごとの最高責任者を意味し、もちろん機長資格を持つ人が務める。ただしフライトによっては機長資格を持つパイロットが二名乗務することもあり、その場合もフライトの最高責任者はどちらか一方だけが務めることになる。そんなフライトで「今日の機長は私が務めます」という場合は、役割としての機長を意味する。もう一方の機長は機長資格は持っているけれども、そのフライトについては機長ではないということだ。また、このような役割としての機長をPIC（パイロット・イン・コマンド）と呼ぶこともある。先ほどと同じ意味で「今日のPICは私が務めます」などという。

副操縦士は英語ではコパイロットというが、航空会社ではなぜかファーストオフィサー（FOまたはF／Oと略）と呼ぶことが多くなっている。コクピット内での順序でいえば機長に次ぐ二番目なのだからセカンドオフィサーにした方がわかりやすかったのではないかと思うけど、「ファースト」には「番頭がしら」みたいなニュアンスがこめられているのかもしれない。

ちなみに副操縦士のジャケットの袖や肩章のラインは機長よりも一本少ない三本となっている。

またセカンドオフィサーというのも別にちゃんとあって、副操縦士になる前のパイロット要員が暫定的にフライトエンジニア（航空機関士。FEまたはF／Eと略。後述）を務める場合、あるいは「見習い副操縦士」のような制度がある場合には、そうした身分のことをさ

▲新型機や新路線では2名とも機長が乗務することも多い。2人とも肩章が4本線なのに注目。ただしそのフライトの責任者としての機長は、どちらか一方だけが務める。▼さすがに、乗ってきた4人が全員機長というのはかなり珍しい。これはトルコ航空のA340が初めて日本にやってきたときのショット。さて、誰が責任者を務めたのか。

す場合が多い。ジャケットや肩章のラインは二本。

これに対してパイロット要員ではない専業のフライトエンジニアはラインの色を分けて（たとえばパイロットやセカンドオフィサーが金色だけなのにフライトエンジニアは金色に赤い線がつくとか）区別する場合もある。

エアバスA380

パイロット

旅客機には二名以上のパイロットが乗務することになっている。無理をすれば一名で飛ばすことができる旅客機でも、必ず二名以上を乗務させる。これも他の機械系統と同じで、システムを多重化して安全性を高めるための配慮である。

飛行機を飛ばすのに免許が必要なのは自動車と同じだが、旅客機の場合はこれが機種ごとに必要になる。たとえばボーイング747の免許ではボーイング747しか飛ばすことができず、しかも同じボーイング747でも初期のモデルと後期のモデルとでは免許が違ったりする。また機長と副操縦士がいずれもその旅客機を操縦する資格を必要とするのは当然だが、コクピットでの役割は明確に分けられている。

いずれは旅客機も完全に無人運航されるかもしれないし、メーカーなどでもそうした研究は行なわれているはずだ。ただ乗客を安心させるために、人形を乗せたりして。

一般には機長が操縦を、副操縦士がそれ以外のシステムの操作や航空管制官との交信、そして操縦の補佐などを行なうことが多い。操縦を担当するパイロットはＰＦ（パイロット・フライング）、それ以外のパイロットをＰＭ（パイロット・モニタリング）、あるいはＰＮＦ（パイロット・ノット・フライング）という。

ときに副操縦士がＰＦ、機長がＰＭを務めることもあるが、双方の役割がゴッチャになることはない。一方が忙しそうだからと黙って手伝ってあげるのが一般社会では親切とされるが、コクピットでは黙って相手の仕事に手を出すのは御法度である。もちろん必要ならば分担を越えて手伝うこともあるが、ちゃんと声に出して「○○をやってください」「○○をやります」、そして「○○をやりました」「○○をやってもらいました」という感じで、くどいほどに念を押すのが基本になっている。これはやってもらったつもりでやっていなかったり、あるいはその逆のことを防ぐために決められたルールである。複数の人間が間違いのないように連携するというのは、意外に大変なのである。

パイロットというのは、もともとは一人で飛行機を飛ばせるように訓練を受けるから、旅客機の運航でこうした連携をとらなければならないことに戸惑う人も少なくない。「こんな面倒なことをするくらいなら、一人でやった方がずっと簡単」と、少なからぬ人が思うらしい。にもかかわらず旅客機に二名のパイロットを乗せるのは、やはり二名を乗務させた方が安全だからだ。

作業量（ワークロード）の問題だけならば、技術的にはパイロット一名だけで運航できる旅客機を作ることは可能である。すでに就航している旅客機でも、機体に大きな不具合などがなければ一名のパイロットだけで飛ばすことはできる。現に二〇〇〇年九月には、佐賀空港に着陸進入中の全日空エアバスA320の機長が突然、意識不明になるという事件がおきている。このときは副操縦士がよく頑張って一人で無事に着陸させたが、もともと旅客機は一人でもなんとか飛ばせるようにできているのである。そうでなかったら、二名乗務の旅客機などというものは危なくて乗っていられない。

たとえばパイロットが飛行中に意識を失う確率が一万分の一であったとする。一名乗務の旅客機では、パイロットの意識不明が原因で墜落する確率はそのまま一万分の一となる。だが一名だけでも飛ばすことのできる二名乗務機が同様の理由で墜落する確率（つまり二名の

手動操縦に切り換えて着陸進入するパイロット。窓の外に小さく滑走路が見える。現在の旅客機でも、条件がよければ、手放しのまま自動着陸を行なうことができる。

パイロットが同時に意識不明になってしまう確率）は一万分の一×一万分の一で、一億分の一にすぎない。

一方で一名では飛ばせない二名乗務機が墜落する確率（二名のうちどちらかが意識不明になる確率）は一万分の一×二で、わずか五〇〇〇分の一になってしまう。だから規定上は二名で運航しなければならないという旅客機でも、一名で飛ばせるようにしなければむしろ危険なのである。

これは機械システムの多重化とまったく同じ考え方である。旅客機がエンジンを二発以上装備するのも、油圧系統や電気系統などを二重以上に装備するのも、いずれもひとつのシステムが故障したくらいでは墜落したりしないようにするためだ。しかし肝心のパイロットが一重システムにすぎなければ、旅客機全体ではそこが弱点になる。だからどんなに作業量が小さくなっても、パイロットに頼らなければならない要素が残る限りは、旅客機に二名以上のパイロットを乗務させなければならない。

将来的にはパイロットが一名しか乗務しない旅客機もできるかもしれないが、それは完全に自動運航ができる旅客機となるだろう。つまり機械だけで完全に自動運航ができるよう作られたうえで、バックアップシステムのひとつとしてパイロットが乗務するのである。これならば一名だけのパイロットが操縦不能になっても、完全自動で地上に戻ってこれる可能性が高くなる。

もちろん、このような旅客機では最初から完全無人化してしまうというチョイスもありうるだろうけど、それが実現できるかどうかは技術的な問題よりも乗客が納得してくれるかどうかにかかっている。とすると将来のパイロットの最大の役割は「乗客を安心させる」ということになるのかもしれない。あるいは事故が起きたときに、責任を取らせるためとか（ひどい話だけど、日本での航空事故の際の報道や警察の動きを見ていると、まんざらありえない話ではないと思う）。

完全自動運航の旅客機はまだ遠い将来の事のように思うかもしれないが、現在のコクピットは着実にその方向に近づいている。少なくともパイロットが「操縦する」機会がごく少なくなってきているのは事実だ。今でもパイロットは、ほとんど操縦輪に触れることなく目的地に着くことができる。離陸ではまだ操縦輪を操作しなければならないが、その直後から自動操縦によって上昇、巡航、そして降下から着陸までを行なうことができる。

航空会社で使われている訓練用のフライトシミュレーター。中は本物の旅客機と同じで、窓の外にCGの景色が映り、油圧ジャッキで加速度が表現される。

もちろん自動操縦といっても、コンピュータは自分で考えて飛ぶわけではない。どのように飛ぶかを決めるのはあくまでパイロットであり、コンピュータはその指示に従うにすぎない。だから操縦輪が自動操縦装置のスイッチに代わったというだけで、旅客機を操縦しているのは相変わらずパイロットなのだとはいえる。

しかしパイロットといえども自由に飛ぶことはできず、基本的には離陸前に許可を受けたルートどおりに、また飛行中に航空管制官から指示されたとおりに飛ばなければならない。前方に立ちはだかる積乱雲（内部は乱気流が渦巻いている）を避けるためにコースを変更したり、気流の悪いところを避けるために高度を変えたりするにも、いちいち航空管制官の許可を受けねばならない。さすがに他の旅客機との空中衝突を避ける場合には航空管制官の許可が後回しになる場合もあるが、現在はこれも空中衝突防止装置（TCAS）の指示する方向に回避するよう勧告されている。ならば航空管制官の指示やTCASの指示を直接オートパイロットに入力してしまえば、パイロットなんか要らないじゃないかという声も当然でる。

もちろん、それが妥当かどうかはわからない。ただパイロットの仕事のうち「操縦する」ということの比重が小さくなりつつあるのは事実である。代わりにパイロットに求められるようになっているのは「マネジメント」である。まだ十分にお利口だとはいえないコンピュータを補い、より安全で快適なフライトにするために頭を使い、コンピュータに指示をだす。これがマネジメントである。またその指示が正しく実行されるかどうかを監視し、正しく指示が実行されなかったり、あるいはコンピュータの手に負えないような事態になったときにはただちに機体のコントロールを奪い返して自ら操縦する。現在のパイロットの仕事は、大雑把にはそんなイメージである。

もちろんコンピュータがお手上げになったときにコントロールを奪い返すくらいだから、パイロットには相変わらずコンピュータ以上の操縦技量が要求されている。だが、普段はほとんど操縦輪に触れる機会がないのだから、それはなかなかむずかしい注文である。いちおう毎年定期的な訓練や審査が義務づけられているが、それ以外は自主的に自分で訓練を受けることもできないし（実物の旅客機を飛ばすには一時間あたり数百万円の費用がかかるし、訓練用のフライトシミュレーターだって二〇億円くらいはする。ゲームセンターやPC用フライトシミュレーターのように気軽には利用させてもらえない）。

あるいは将来は、パイロットが腕前を発揮することすらできなくなるかもしれない。なにしろ最近の旅客機はＦＢＷ（フライバイワイヤ）といって、パイロットの操作はすべていったんコンピュータを介したうえで機体に伝えられるようになっている。しかもコンピュータは、そこで常にパイロットの操作の適否を判定したうえで機体に伝えている。だからもしパイロットの操作がコンピュータによって「危険」と判断されたならば、まったく無視されるか、あるいは強力な抵抗を受ける。せっかくパイロットが腕前を発揮しようと思っても、それさえままならない可能性がある。

たとえばＦＢＷ方式の操縦装置を持つエアバスＡ320以降の旅客機は、パイロットが失速速度以下まで減速しようとしたり、あるいは制限バンク角以上に機体を傾けようとした場合にはその操作を無視して安全な範囲内で機体をコントロールするようになっている。建前どおりに機能すれば非常に安全な機能といえるが、もし速度やバンク角を判断する機能が故障していたら厄介なことになる。

たとえば本当は超過速度ぎりぎりの高速かもしれないのに、コンピュータが失速ぎりぎりと判断して減速操作を無効にする可能性だってある。そんなときのためにコンピュータを無力化する方法もあるが、システム全体がコンピュータへの依存を増している旅客機では、それもだんだんとむずかしくなっている。こうした機械と人間の兼ね合い、関係をいかに築いていくかということは、これからの旅客機開発においてますます大きな問題となっていくことだろう。

コクピットクルー

コクピットにはパイロットではない運航クルーも乗っており、これらを総称してコクピットクルーという。だが旅客機の自動化が進むにつれて、コクピットクルーの数はどんどん少なくなっている。新型機では、パイロット以外はほぼ絶滅状態にあるといえる。

次にパイロット以外のコクピットクルーについても見てみることにしよう。とはいえコクピットの主役たるパイロットの地位もなんだか怪しくなっているくらいだから、それ以外のコクピットクルーもすでにコクピットから追われてしまったか、あるいは追われつつあるのだけど。

かつて長距離旅客機のコクピットには、五名のコクピットクルーが乗務するといわれてい

旅客機ではないが、60年代の旅客機を想像させるC-130輸送機のコクピット。パイロット2名のほか航空機関士と航法士が乗務している。

た。二名のパイロットと、それぞれ一名ずつのフライトエンジニア（航空機関士）、ナビゲーター（航法士）、そしてラジオオペレーター（通信士）である。

このうち通信士は無線機の信頼性が低く、しかもトンツーのモールス符号で送受信するような時代には不可欠だったかもしれないが、いまはパイロットが頭につけたヘッドセットでそのまま簡単に音声交信ができるようになっているので姿を消してしまった。無線交信しながらの操縦は携帯電話で話しながら自動車を運転するようなものだから、これでも危ないといえば危ないかもしれないが、だからこそ原則として操縦はPF、無線交信はPNFと役割が分けられているのだ。少なくとも街中で、携帯電話を片手にヘラヘラと運転をしているドライバーよりはずっと安全なはずである。

共産圏などの航空会社ではまだ通信士を乗務させていることもあるが、これは通信士というよりは通訳に近い。航空管制の国際共通語は英語になっているが、国によっては英語のわからないパイロットもいるため、わざわざ通信士を別に乗務させているのである。一説には、東西冷戦中の共産圏の国々ではパイロットの亡命を防ぐためにあえて英語を学ばせなかったのだという話もあったけれど、真偽は定かではない。

航法士も、かつては地上の無線航法局が不備なところを飛んだり、あるいは長距離の洋上飛行をする際には不可欠だったが、ＩＮＳやＧＰＳといった新しい航法装置の登場によって必要なくなっている。あと残るのはフライトエンジニアだが、これも乗務するように作られているのはせいぜい八〇年代に作られた旅客機までで、それらが退役していくとともに姿を消していくことと思われる。

フライトエンジニアというのは、日本語では航空機関士という。機関士というのは、もともとはエンジンの面倒を見る乗務員のことである。初期の旅客機のデリケートで信頼性の低いエンジンは、メカを熟知した専属のオペレーターがご機嫌をうかがいながら操作する必要があった。ときには飛行中にオイルの補給や整備、修理をしながら飛ぶ必要さえあった（だから昔の大型機には、翼の中をエンジンまではっていけるようにしていたものもあった）。それを行なうのがフライトエンジニアだったのである。

やがてエンジンの信頼性が向上するにつれて、さすがに整備しながら飛ばすような必要はなくなったものの、それ以外にも旅客機にはさまざまなシステムが装備されるようになった。

在来型747の航空機関士と航空機関士用パネル。巨大旅客機のシステムを監視、操作するのにこれだけの計器やスイッチが必要だった。

たとえば初期のボーイング747には七個の燃料タンクがあって、飛行中は消費量の監視や適切なタイミングでの燃料バルブの切り替えなどが必要とされた。あるいは油圧システムは四系統、空調システムは三系統、電気システムは主エンジンに一つずつ発電機を備える（他にAPUにも発電機が二つ）など複雑なシステムによって構成されていた。こうした諸々のシステムを監視し、また操作するためにはパイロット以外の専属クルーが必要となる。それをフライトエンジニアが務めることになったのである。

こうしたシステムは新しい旅客機ほど数も増え、また複雑化する傾向にあったため、そのままではフライトエンジニアの役割はますます大きくなっていっても不思議はなかった。にも関わらず新しい旅客機ではフライトエンジニアが必要とされなくなったのは、デジタル技術を駆使した自動化が進んだためである。

昔から旅客機にはさまざまなコンピュータが使われてきたが、その多くは独立したバラバラなシステムとして存在していた。ところがデジタル技術によって多くのシステムを統合して管理することができるようになり、しかもその中核には信頼性の高いＦＭＣ（飛行管理コンピュータ）が置かれるようになった。これによって、それまで人間が行なっていた業務のかなりを自動化することができるようになったのである。

それでもフライトエンジニアの行なってきた業務がすべて自動化されたわけではないが、残された業務は（やはり自動化によってワークロードが小さくなった）パイロットにまかせてもよいのではないかということで、思い切ってフライトエンジニアを不要にしてしまったのである。

フライトエンジニアの業務までを肩代わりさせられることになったパイロットも大変だが、それは航法士がいなくなったときも、また通信士がいなくなったときも同じだったから、まあ時代の流れというものだろう。

それにパイロットは、もともとは「一人で飛行機を飛ばせる」ように訓練を受け、小さな訓練機では操縦や無線交信、航法、そしてシステムの監視などをすべて自分一人で行なえるように訓練されてきた。それを従来の旅客機ではフライトエンジニアに分担してもらっていたが、また元どおりに自分で面倒を見るようになった。それだけの話といえなくもない。

ボーイング787

客室乗務員

男女平等社会を実現するため(?)に、いつの間にか「スチュワーデス」という言葉は死語になった。では代わりに何というか。これが航空会社によって違うから面倒くさい。唯一の共通語が「客室乗務員」なのだが、味気ないと思うのはオジサンだけなのか。

客室乗務員というのは、要するにスチュワーデス（女性）とかスチュワード（男性）のことである。このように性別によって変わる言葉がすべて差別語になるのかどうかは知らないけれど、ある時期からアメリカを中心にこうした言葉の無性別化が進行し、それが世界中に広まった。たとえばカメラ「マン」も、いまはフォトグラファーという。

ところが厄介なことにスチュワーデスに代わる呼び名にはこれといった決定的なものがな

スチュワーデスが差別語かどうかは知らないが、今では使われていない。代替名称は会社ごとにバラバラで客室乗務員、CA、FAなどというのが一般化してきている。

く、会社によってキャビンアテンダント（CAと略す）といったりフライトアテンダント（同FA）といったりして統一性がない。幸いにして日本語には客室乗務員という言葉があるが、ここにはかつてのスチュワーデスという言葉が放っていたような華やかさがまったく感じられないのが難点である。別に華やかでなくても困ることはないのだけど、味気ないとは思う。ちなみに客室乗務員の志望者に絶大な人気を誇っている「月刊スチュワーデス・マガジン」（イカロス出版）という雑誌も、こうした時代の流れを受けて「月刊エアステージ」に名前を変えてしまった。たぶん「月刊客室乗務員マガジン」じゃ、どうしようもないと思ったのだろう。

もちろん現在でもまだスチュワーデスという言葉は使われているし、またそう呼ばれた客室乗務員が「差別である」なんてイヤな顔

アジア地域にはお国柄を強調した制服の航空会社も多い。機内に一歩足を踏み入れたときから旅行気分が盛り上がる。

をするということもないようだ。たとえば機内で声をかけるときに「ちょっと、客室乗務員さん」では堅苦しいときがある。こんなときには「ちょっと、スチュワーデスさん」といってもかまわない、と思う。

まあ、こうした感性は我々オールドタイプ（要するにオジサン）ならではのものかもしれない。スチュワーデスという言葉に思い入れのない若い女性には、ごく普通に「私、CA志望なんです」なんていう人も増えていることだし。

さて客室乗務員の仕事だが、単純に「笑顔で飲み物や機内食を配ること」だと思っている人は少なくない。もちろんそうした機内サービスも客室乗務員の大切な仕事のひとつである。そもそもスチュワーデスやスチュワードというのは「給仕さん」を意味する言葉だったのだから。

しかし実は、客室乗務員の第一の職務は保安要員として乗客の安全を確保することにある。つまり緊急時に備えた安全確保（しつこいほどにシートベルト着用をうながしたり、荷物の収納を厳しくチェックしたり）と、実際に緊急事態が起きてしまったときの脱出の手助けをしたりすることが、その最も重要な役割である。とりわけ緊急脱出の手助けをしているところなんか滅多に見ることはないのだから、客室乗務員がただのサービス要員と思ってしまっても無理はない。客室乗務員本人に聞いても「機内サービスをする姿に憧れてなったのだけど、実際には保安要員としての訓練が中心だったので驚いた」などという人が多いくらいなのだから。

▲大型機ほど、また距離が伸びるほどクルーも増える。これはユナイテッド航空のアジア線777。太平洋線ではさらに多い。▼かつては日本航空でも着物サービスが行なわれていた。現在でも正月の一部フライトで見られることがあるが。

保安要員としての重要性は、客室乗務員の資格維持の要件からも明らかである。客室乗務員は毎年定期的に緊急事態に備えた訓練を受けなければ乗務資格を更新できないが、サービスの訓練は最初に受けたらおしまいである。どちらがより重視されているかは明らかだろう。

もっとも保安要員であるということを強調しすぎると、「ちゃらちゃらしたスカートではなく、より機能的なスラックスなどで乗務させるべきではないのか。また男性客室乗務員の比率をもっと増やすべきではないのか」と意見をいう人も出てくる。

確かに航空会社によっては「これでまともに走れるのかね」と思うような制服を採用しているところもないではないが、スカートなんかはイザとなればたくしあげて走ることだってできる。婦人警官や婦人自衛官の制服にだってスカートはあるのだから、客室乗務員だけがスカートでまずいということはあるまい。それに、そんな意見を鵜呑みにしたのか機能第一主義の制服で失敗した航空会社の例もある。

たとえば北海道国際航空（エア・ドゥ）の初代制服は、北海道の牧場をイメージしたというサロペットだった。同社は航空運賃を下げるために飲み物などのサービスを廃止し、客室乗務員はまさに保安要員として乗務させるつもりだったから、制服もそれに合わせて実用一点張りとしたのだろう。

ところがこの制服が本当に不評で、就航から間もなく新しく作りなおすことになった。もちろん余計にお金もかかったことだろう。一〇〇億円以上もする高価な旅客機を買って、一フライト何百万円という高額の運航費をかけて旅客機を飛ばすことを考えればたいした金額

乗客を迎える前に機内のセキュリティチェックを行なうユナイテッド航空の客室乗務員。とりわけ9・11テロ事件のあとはチェックも厳しくなっている。

ではないかもしれないが、「徹底的にコストを切り詰めて航空運賃を引き下げる」ことを宣伝文句にしている航空会社としてはお粗末だった。

もちろん、スカートよりも実用的な制服にしたという姿勢を非難すべきではないだろう。しかし会社のイメージを下げるような制服は、たとえ走りやすくても真に実用的とはいえない。スカートじゃなくても、カッコいい制服はいくらでもあるのだ。飲み物を出さない保安要員であっても客室乗務員が会社の顔であることに変わりはないのだから、ダサい制服を着せてはいけなかった。いや飲み物を出さないからこそ、客室乗務員の「スマイル○円」の重要性は増す。ならばせめて、制服くらいはカッコよくすべきだった。

蛇足ながらエア・ドゥは、客室乗務員の初代制服に限らず機体のカラーデザインもあまりよくないと思う。黄色と水色の組み合わせは弱々しいし、垂直尾翼を斜め一直線に塗り分けるデザインや、そこに重ねられた「ＡＩＲ　ＤＯ」のロゴも味気なさすぎる。僕も含めて価格破壊者としてのエア・ドゥに大いに期待していた人は少なくないはずなのだ。「この旗のもとに集え！」と、会社と乗客が一緒に盛り上がれるような躍動感のあるデザインは考えられなかったのだろうか。

また保安要員というならば男性客室乗務員の比率を増やすべきではないか、という意見についても、僕はその必要はないと思っている。確かに平均路線距離が世界標準よりもずば抜けて長いオーストラリアのカンタス航空（オーストラリアからは、どこに行くにも遠いのだ）では男性客室乗務員の比率が高いが、これはヨーロッパまで何日もかけて飛んで行ったハードな時代の名残である。現在ではカンタス航空でも女性客室乗務員が増えているし、その体力不足が問題になっているとも聞かない。

それに客室乗務員になるためには身長制限（機内の装備に手が届かないと業務に支障がある）や体力規定が課されている航空会社が多い。そうした基準さえ満たしている限りは男女性別をとやかくいう方がおかしい。今後、性別による雇用差別がなくなった結果として男性客室乗務員が増えることはあるかもしれないが、それ以外の理由であえて男性客室乗務員を増やす理由はないだろう。

エアバスA380

機内サービス

機内サービスは、だいたい決まりきったパターンで行なわれる。ゆえに乗りなれた乗客には簡単そうにも見えるが、やはり時差に耐えての長時間業務はしんどいはずだ。若さ勝負の仕事かと思いきや、世界には八〇歳を越えて現役という客室乗務員もいたりする。

客室乗務員の仕事には、もちろん普通の会社員のような「定時」はない。基本的にはフライトの時間に合わせて出勤し、フライトが終われば帰宅してもよい（これはパイロットも同じである）。出勤時間は航空会社によっても違うが、だいたい出発時刻の一時間半前から二時間前にはフライト前のブリーフィングが行なわれる。たいていの人はそれよりもさらに一時間くらい前に出社するようだ。通勤には早朝や深夜の場合はタクシーなどの送迎がつく場

定刻1時間半前を目安に行なわれる客室乗務員のブリーフィング。フライトを前に各自の担当が決められ、セキュリティやサービスに関する注意事項が伝えられる。

合もあるが、多くの場合は普通の公共交通機関を利用し、会社で制服に着替える。

ブリーフィングは同じ便に乗務する客室乗務員全員による打ち合わせで、責任者を務めるチーフパーサーから当日の保安状況やサービスの予定などについての説明がある。また、機内のどのセクションを担当するかといった役割分担もここで決められる。ＶＩＰや特別な配慮の必要な身障者などの搭乗が予定されている場合にはそうした情報も伝えられ、さらに必要に応じて緊急時の手順を復習したりもする。

ブリーフィングが終わり、旅客機に乗り込むのはだいたい出発の一時間くらい前だ。機内に入ると、まずはそれぞれの持ち場に異常はないかをチェック。さらに分担に応じて機内食などが規定どおりに積み込まれているか、トイレットペーパーはちゃんと搭載されてい

▲パイロットと客室乗務員の合同ブリーフィング。機内や搭乗ゲートで行なう場合も多い。パイロットからはルートや高度、揺れの情報などが伝えられ、サービスに反映される。▼離陸すると、まずは飲み物のサービスからスタートする。この間にギャレーではオーブンを使って料理が加熱されており、続いて機内食がサービスされることになる。

るかといったことまでをチェックしていく。
　また機内では、コクピットクルーとのブリーフィングも行なわれる。ここではコクピットクルーから当日のルートや高度、揺れの予想や着陸予定時間などが伝えられ、また客室乗務員からは先ほど話し合われたような乗客についての情報が中心に伝えられる。たとえば離陸からしばらく揺れが予想されるならばサービスの開始を遅らせようとか、逆に目的地に近づくにつれて気流が悪くなるようならば早めに終わらせるようにしようといった打ち合わせが行なわれる。

国際線はもちろん、国内線でも機内販売が増えている。搭載数が少ないので気に入った商品は即ゲットが基本。

　こうして機内の受け入れ準備が整ったならば、乗客のボーディング開始だ。客室乗務員は乗客を笑顔で出迎え、その着席や手荷物の収納を手伝うだけでなく、最近では不審な乗客がいないかどうかといったことにも積極的に目を配るようになっている。なんだか「人を見たら泥棒と思え」みた

上位クラスでは食事のあと、ワゴンでのデザートサービスがある。昔はファーストクラスで葉巻も配られたけど。

いでもあるが、以前よりも一人一人の乗客によく注意を払うようになったので、むしろサービスがよくなったと感じてくれる乗客の方が多いそうだ。また国際線のファーストクラスやビジネスクラスでは、ボーディング中からシャンペンなどのウェルカムドリンクをサービスするのが普通になっている。

飛行中のサービスは、国内線では飲み物を配って、あとは機内販売品のセールスを行なうくらいだが、国際線ではちゃんと食事のサービスがある。その順番はだいたい決まりきっていて、まずは飲み物がサービスされ、その間にギャレーで機内食が温められる。これが配られて、さらに締めくくりにお茶やコーヒーなどが出る。食事が片づけられたあとは機内免税品の販売と映画上映とがあって、短い路線ならばこれでおしまい。長い路線ならば着陸前にもう一度、同じ順番で食事のサービスが行なわれる。

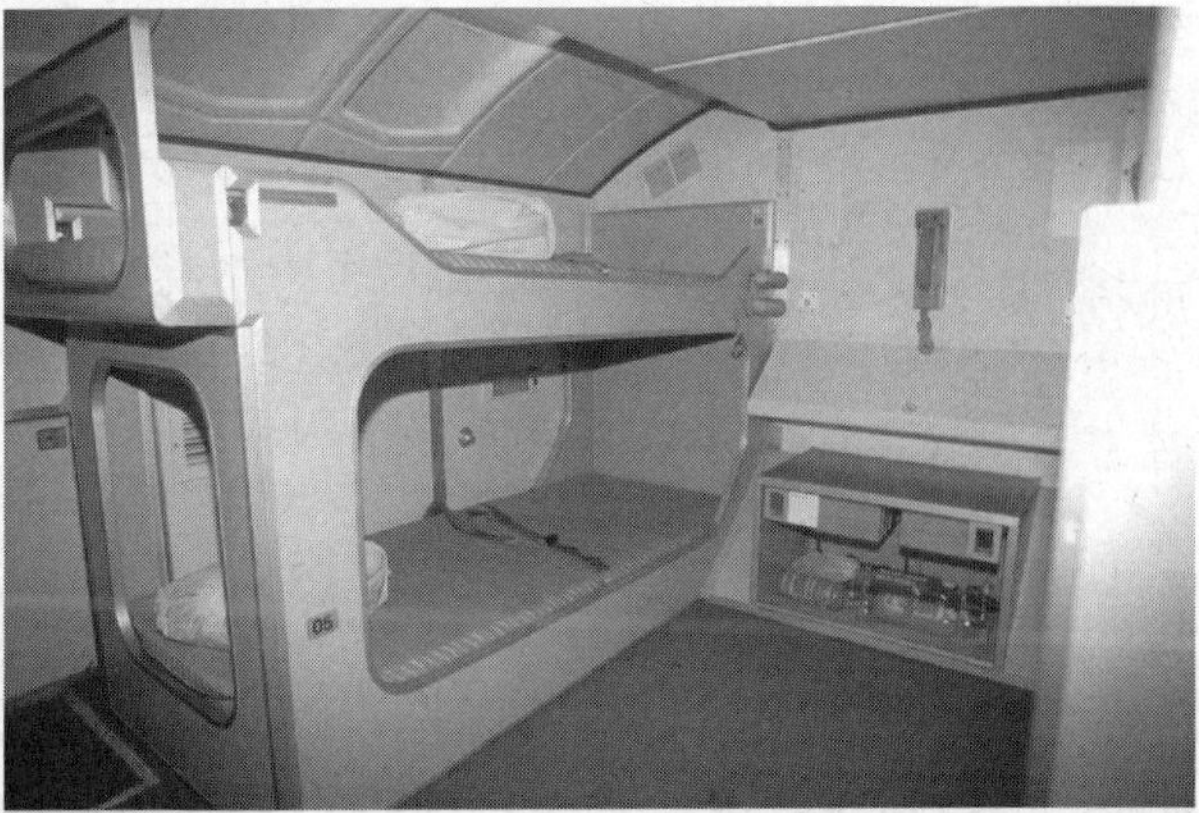

▲長距離を飛ぶ747-400の「天井裏」に設けられた客室乗務員用の休憩室。パイロット用の休憩室はコクピット内に用意されている。もちろん休憩中は交代要員が席につく。▼航空会社のクルーに定時はない。その日の乗務が終われば終業となるが、国内乗務でも地方にステイしながら２～３日は家を空けることが多い。健康管理は特に重要となる。

機内食が二回も出るような長い路線では、さすがに客室乗務員も疲れてしまうので、途中で交替で休憩をとる。以前は休憩といってもエコノミークラスのシートをいくつか客室乗務員用にブロックして休むだけだったが、ボーイング747-400やボーイング777ER、エアバスA340のように超長距離路線を日常的に飛ぶ新しい旅客機では、客室とは別にクルー休憩室（バルク）が設けられるようになっている。

バルクの内部を乗客が目にする機会は滅多にないが、ボーイング747-400では客室最後部の屋根裏に、ボーイング777ERやエアバスA340では床下貨物室に小部屋が設けられ、中に二段ベッドがびっしりと詰め込まれている。もちろん旅客機だけあって、ベッドにもシートベルトがつけられている。

着陸後の客室乗務員は、乗客を見送りながら機内に忘れ物や不審物が残されていないかをチェックし、それが終わったら自分たちも飛行機を降りる。あとのかたづけは地上スタッフの仕事だ。国際線の場合は飛行時間に応じて現地ステイがあるから、次の乗務まで体調を整えながら海外での食事やショッピングを楽しむこともできる。

ただし日本から韓国、あるいはグアムやサイパンなどといった近距離の国際線では、同じクルーがそのまま折り返しで乗務することが多い。だから乗務では何度も来ているのに、韓国やグアムでは空港から一歩も外に出たことがないというクルーも珍しくない。いくら海外にしょっちゅう出られるとはいっても、やはり仕事となると大変なのだ。まあ、客室乗務員の場合は社員用の格安料金を使って観光旅行を楽しむということもできるのだけど。

ボーイング787

グランドハンドリングスタッフ

重いスーツケースをカウンターで預けるとホッとする。あとはベルトコンベアに乗って、自動的に飛行機に積まれるのかと思う。ところがどっこい、こうした荷物はほとんど手作業で積み下ろしされる。旅客機を飛ばすには、たくさんの人手が必要なのだ。

空港に旅客機が到着すると、エンジンが停止するのを待つのももどかしく、機体のまわりに作業車やら作業員やらが殺到する。航空会社の収益は、高価なジェット旅客機をいかに効率よく稼動させるかにかかっているから、地上での滞在時間は極限まで短くなっていることが多い。とにかく忙しいのである。

このように旅客機のまわりに殺到する人たちは、誰もが同じようにヘルメットに作業用の

到着した旅客機には「群がる」という感じで作業車やスタッフがつく。限られた時間で次のフライトに備えるのだ

ツナギ服を着ている。だからみんなまとめて整備士（メカニック）だと思っている人もいるが、整備士というのは文字どおり旅客機を整備する人のことだ。旅客機に荷物を積み込んだり、燃料を補給したりするのは整備士ではなく、強いて総称するならばグランドハンドリングスタッフあるいは単純にグランドスタッフなどといわれている。

グランドハンドリング業務は、一般に航空会社系列のグランドハンドリング会社がまとめて受託している場合が多い。業務内容すなわちグランドハンドリングスタッフの仕事内容は旅客機を送り出すためのさまざまな地上作業で、たとえば旅客機の到着時にスポットに誘導するマーシャリング、到着した旅客機からの貨物や荷物の積み下ろし、トイレタンクにたまった汚物の処理、機内の清掃、さらにはボーディングブリッジの運転やトーイングカーの運転なども含

旅客機を誘導するマーシャラー。単に停止位置に誘導するだけでなく周囲の安全にも気を配る。人気職業である。

まれる。

マーシャリングを行なうマーシャラーの姿は、空港ではおなじみだ。両手に持ったパドル（卓球ラケットのような道具。夜ならば懐中電灯）をリズミカルに振って旅客機を誘導する。この姿に憧れてグランドハンドリングスタッフをめざす人も少なくないが、マーシャラーだからといってマーシャリングだけをやっていれば済むほど甘い仕事ではなく、旅客機を無事に停止させたあとはすぐに荷物の積み下ろしを手伝ったり、ボーディングブリッジを運転したりしなければならない。とりわけ荷物の積み下ろしは重労働だから、カッコよさだけに憧れてハンパな覚悟でいると長続きはしない。

大型機の場合は貨物のほとんどをコンテナに収めて搭載し、しかも搭載作業のほとんどが機械化されているが、小型の旅客機ではほとんどすべてがバラ積みとなる。そのうえ大きなコンテナ貨物室と違ってバラ積み貨物室は人が立てないほど低く、中腰や座った姿勢で重い荷物をいくつも積み下ろさなければならないのだから大変である。こういうところは、いくらハイテク旅客機といってもあまり進歩がないようだ。

あるいはコンテナにしたところで、そこに荷物を詰めていくのは人手に頼っているから重労働であることに変わりはない。乗客がチェックインカウンターで預けた手荷物は、ベルト

ワイドボディ旅客機へのコンテナ搭載は機械化が進んでいるために２～３人の作業員ですべてを行なうことができる(上)。胴体後部のバルク貨物室には、ひとつひとつ手作業で荷物を積みこんでいく。バルク貨物室は狭く重労働だ(中)。預けられた手荷物は、コンベアに乗せられて荷捌き場へと運ばれ、目的地ごとにコンテナに詰められていく(下)。

コンベアを通りながら搭乗機ごとに仕分けされ、グランドハンドリングスタッフの手によってコンテナに詰められていく。

もちろん到着便から荷物を降ろして、それをバゲージクレーム（手荷物受取所）に通じるベルトコンベアに乗せていくのもグランドハンドリングスタッフの仕事である。買い物でふくれたスーツケースにはとてつもなく重いものがあるから、グランドハンドリングスタッフが不用意に腰を痛めたりしないよう「ヘビー」というタグがつけられたりもする。

到着する777を見守る機内清掃員。乗客が降りるまで機体のすぐそばで待機し、降機完了とともに作業に入る。

ちなみに現在ではセキュリティ強化のため、チェックインカウンターで預けた荷物に対してもX線チェックが行なわれており、しかもそのX線が強力になっているので写真用のフィルムなどは入れない方がいい。市販のフィルム用X線防護バッグに入れても、それを透過するまで自動的にX線を強化するようになっているというから意味がない。だからフィルムは

▲旅客機のドアは、貨物やケータリングなどいくつもの作業が併行して進められるよう配慮されている。さらに前方には高所作業車が出てコクピットの窓を拭いている。▼北国では空港の除雪作業も重要な仕事だ。迅速さが要求されるため、大型除雪車をスピンターンさせながら作業していく。ときどき照明灯にぶつけたりするみたいだけど

機内持ち込みの手荷物の中に入れ、さらに可能ならば機械を通さない目視検査にしてもらうのが無難だろう（多くの機械は普通のフィルムには影響しないとされているが、それでも何度も通せば影響がでる可能性は高くなる。ただ目視検査が認められない場合も多いので、そんなときは運を天にまかせるか、サッサとデジタルカメラに乗り換える方がよい）。

また預けた手荷物がちゃんと届かない確率というのも、だいたい一〇〇〇回に一回ほどの割合であるそうだ。たいていは間違った旅客機に乗せられただけなので何日かすると戻ってくるけれども、戻ってこない可能性もあるので、あまり大切なものは預けない方がよい。また預ける荷物にはちゃんと名札をつけておいた方が無難である（ただし空港ロビーなどで名札を読んで親しげに話しかけてくる泥棒や詐欺師もいるので、簡単に名前や住所が読めないようフタ付の名札や折り曲げ式の名札にした方が安心である）。

僕もこれまでに海外で二回ほど手荷物と離ればなれになってしまったことがあるが、どちらもちゃんと戻ってきた。バゲージクレームで「出てこないぞお」と文句を言うと、あれこれ書類を書かされて（海外からの荷物は税関検査が必要だから、鍵の番号なども教える）、出てくれば宅配便で送ってくれる。まあ間違った送り先がわかっていて（つまり完全な行方不明になったのではなくて）、急ぎの荷物が入っていない場合には手ぶらで帰れるだけ楽チンともいえる。

ただし一回は、リゾートで泳いだあと乾かさずに入れた海パンが入っていたので、開けるときにはカビやキノコが生えているんじゃないかとヒヤヒヤしたけれども。

乗客の目に触れないグランドハンドリング業務としては機内清掃というのもある。これはだいたい専門のスタッフが、乗客が降りると同時に一気に行なうようになっている。とりわけ国内線では到着から出発まで、地上にいる時間が四〇分程度しかないというスケジュールも珍しくない。旅客機の外で行なう作業ならばこの四〇分をフルに使えるが、機内での作業は旅客機が停止してから乗客が降りるまでの時間、そして再び乗客が乗り込むための時間を引かなければならないから、実質的な作業時間は二〇分くらいしかないということもある。この間に散らかった機内を掃除し、座席ポケットの中にゴミはないか、また緊急時のしおりやイヤフォンなどがちゃんと入っているかどうかを確認し、もしなくなっていたり使用済みであれば補充し、さらにはシートベルトもきちんと整えるといったことを一席ずつ行なっていかなければならないのだから忙しい。一分一秒を争うというのは、まさにこんな作業のことをいうのだろう。

燃料搭載

旅客機の出発前に忘れずにしておかなければならないのが燃料の搭載。ジェット燃料はもちろんだけど、人間用の燃料(機内食)もしっかりと搭載しなければ暴動がおきる可能性がある。ところが人間用の燃料には消費期限という厄介な問題もあって……。

同じ地上作業でも、こうしたグランドハンドリング会社とは別の会社が行なっていることが多いのが、機内食の積み下ろしや燃料の補給だ。機内食の積み下ろしは専門のケータリング会社が行なうが、国内線ではほとんどサービスらしいサービスがなくなっているので、東京や大阪などの主要空港で折り返し便のぶんまでまとめて搭載してしまうことが多くなっている。

ジェットエンジンの燃料は灯油に近いケロシンで、ガソリンよりは安い。燃料タンクは、ほとんどが主翼の中にあり、主翼下面の給油口から給油される。

ここでは飲み物ばかりでなく機内販売品なども搭載されるが、やはり折り返し分まとめての搭載ということで、人気のある限定グッズなどは行き便だけで完売してしまうことがあるらしい。もし機内販売で欲しいものを見つけたならば、「帰りに買おう」などと思わずに、すぐに買っておいた方が確実である。

また国際線のケータリングでは飲み物や機内販売品だけでなく、機内食の積み下ろしまでも行なうからより忙しくなる。旅客機が着いてエンジンが停止すると同時に機体各部のドアに作業車（ハイリフトローダー）を横づけし、荷台をドアの高さまで上げて待機する。そして乗客が全員降りたならばすぐにドアを開けて、まずは使用済みのカートやコンテナをギャレーから運び出していく。そして続いては次の便で使用する機内食や飲み物、サービス用の備品などが入ったコンテナやカート

▲大空港ではあらかじめ地下に燃料配管を通し、そこからポンプ車を使って旅客機に燃料を補給していく。747のような大型機では空のタンクを一杯にするのに約40分かかる。▼大きな機内食工場では1日に数万食を調理する。機内食にも消費期限があるので、出発が大幅に遅れると大変だ。

をギャレーに収め、客室乗務員の確認を受けるのである。

ちなみに機内食にも消費期限があって、それをすぎると乗客に提供することができない決まりになっている。食品なのだから当たりまえだが、これがなかなか大変である。スケジュール通りに旅客機が飛んでくれればいいのだが、出発が大幅に遅れてしまった場合にはサービスの前に消費期限が切れてしまうことがある。そんなときには新しい機内食を用意しなければならないが、機内食というのは余分には作らないのが原則だから、すべて新しく作りなおさなければならない。

たとえばもっと遅くに別の便が出発する予定ならば、そちらから流用するということもできるだろう。しかし機内食というのは航空会社ごとに違うし、航空会社でも路線によって違う場合もあるから、簡単には流用できないことが多い。外国航空会社のように一日にせいぜい一便しか乗り入れていないという場合は絶望的である。こんなとき、機内食工場の人たちはかなり必死になって（もちろん残業）新しい機内食作りに励むのだという。

また燃料の搭載も、大事な地上作業のひとつである。ジェット旅客機はケロシンなど灯油系のジェット燃料を使うのが普通で、これはプロペラをつけたボンバルディアＤＨＣ‐８（ダッシュエイト）などでも同じである。最近のプロペラ旅客機はターボプロップといって、ジェットエンジンと同じ仕組みで運転するから、そのままジェット燃料が使えるのである。

例外的に東京の調布空港と伊豆諸島を結んでいる小型コミューター機ブリテンノーマン・アイランダー（一〇人乗り）は自動車と同じくレシプロエンジンを装備して、燃料にも航空用ガソリン（アブガス）を使っているが、少なくとも羽田空港で見られるような旅客機はすべてジェット燃料を使っている。

旅客機の燃料タンクは主翼の中にあり、燃料の補給は主翼下面にある補給口にパイプをつないで行なう。だがボーイング747クラスの旅客機の巨大な燃料タンクを満タンにするには大型タンクローリーを何台も用意する必要があるため、大きな空港ではあらかじめ地下に燃料配管を通してそこからポンプ車を使って燃料を補給するようになっている。それでもすっかり空っぽになった燃料タンクを一杯にするには約四〇分もかかるという。

エアバスA320

整備士

旅客機がいつも快調なのは、そんな風に面倒を見てくれる整備士がいるからだ。ハイテクの塊とはいっても、整備士は相変わらず油まみれの作業。しかも巨大な旅客機でも、整備用のスペースは驚くほど狭く小さい。そんなところに手を入れて必死の作業である。

旅客機が到着したときに取りつく大勢のスタッフの中で、整備士はだいたい二人くらいしかいない。ずいぶん少ないと思うかもしれないが、通常のフライトの合間に行なわれる整備作業は機体に異常がないかを確認する程度なので、トラブルがなければこれで十分である。

もちろん故障などがあった場合には修理で大忙しとなるが、そんなときには応援を呼ぶこともできる。また最近の旅客機では飛んでいるうちから機体の状況をコンピュータでモニタ

▲定期便の飛行機は、毎フライトごとに出発確認整備士の署名を受けなければ飛ぶことができない。それだけに自分の署名した飛行機の見送りには大きな責任を感じる。▼到着した旅客機の腹にエアコン用の空気ホースを接続する。環境対策のために機上APUの使用を控えることが多くなった。

これは747のタイヤ交換作業。自動車と同じでトレッドの深さが規定以下になったならば交換する。旅客機では交換されたタイヤは何度も再生して使うのが普通だ。

ーし、その情報を地上に送れるようになっている。だから故障などがあっても整備士は着陸前からその概要を知ることができ、必要に応じて交換部品などを用意することができるのである。

このように日常のフライトの合間に行なわれる整備をライン整備というが、旅客機の整備には、このほかにもドック整備やショップ整備というのもある。

ドック整備というのは旅客機を格納庫（整備工場）に入れて行なう大がかりな整備のことで、いわば自動車の車検整備に相当する。ただし自動車の車検が一～三年ごとというように期間で決まっているのに対して、旅客機では飛行時間ごとにドックに入れる。またドック整備にも飛行時間ごとにいろいろなランクがあって、最も大がかりな整備は旅客機の骨組みが見えるほどバラバラにして徹底的に行なわれる。

ショップ整備は、ドック整備や日常の運航の合間に交換された機器を専門工場（ショップ）で整備したり修理したりするものだ。たとえばエンジンが不調というとき、ちょっとした故障ならば機体にブラ下げたままで修理できるが、重症の場合はエンジンを交換しての修理が必要になる。そうして取り外したエンジンは、エンジンばかりを専門に扱うエンジンショップで修理されるのである。ショップ整備としては、他に計器や航法装置などを扱うアビオニクスショップなどもある。

旅客機を格納庫に入れてのドック整備。日常の運航の合間には見られない細部までミッチリと点検、整備される(上)。機体から降ろしたエンジンを専門に整備するエンジンショップ。技術力のある会社ならオーバーホールも可能だ(中)。計器や電子機器などを整備するアビオニクスショップ。旅客機の電子化が進むとともに重要性が高まっている(下)。

旅客ハンドリングスタッフ

空港で乗客の面倒を見てくれる人たちを旅客ハンドリングスタッフという。電車ならば「駅員さん」ですむのに、いかにも長い。かつてはグラホス（グランドホステス）という呼び名もあったのだが、これもスチュワーデスと同じく死語になってしまった。

客室乗務員とともに若い女性に人気の高い職業が空港で働く旅客ハンドリングスタッフである。これもグランドホステス（略してグラホスあるいはグラホ）という方が通りがよいかもしれないが、スチュワーデスという言葉が使われなくなったのと同じ理由で、最近では旅客ハンドリングスタッフ、あるいは長ったらしいのを嫌って旅客スタッフなどということが多い。

旅客ハンドリングスタッフは航空会社の制服を着て、空港のあちこちで忙しく働いているのを見ることができる。まず目にするのは発券カウンターやチェックインカウンターだが、これは国内線ではチケットレスサービスや自動チェックイン機の普及で、だいぶお世話になる機会が減っている。

国際線でも航空券なしで旅客機に乗れるEチケット（電子航空券）などが普及してきたが、

乗客がまず出会うのがチェックインカンターのスタッフ。航空会社の顔としての自覚が求められる仕事だ(上)。出発ゲートで乗客の出発を最後まで見送るのも旅客ハンドリングスタッフの重要な仕事である(中)。国際線のチェックインでは航空券だけでなくビザやパスポートなどに不備がないかもチェックされる(下)。

最後の乗客を送り届け、出発する旅客機をターミナルビルから見送る旅客ハンドリングスタッフ。機内の乗客が手をふりかえしてくれると、とてもうれしいという。

こちらはまだチェックインカウンターのお世話になることが多い。というのも国際線では座席を決めたり荷物を預けたりするだけでなく、渡航に必要なパスポートやビザなどを確認するということが必要だからだ。そんなことは本人の問題であるはずだが、もし渡航資格を満たしていない乗客が目的地で入国を拒否された場合、航空会社もその責任を問われることがある。だからまずはチェックイン時にそうしたことをしっかりとチェックするのである。

ちなみに僕も、外国のローカル国際空港で目的地のビザがないことを理由に搭乗を拒否されそうになったことがある。目的国のビザが不要なのはあらかじめ調べてあったのだが、そんな証明書があるわけではないから無知な空港スタッフは納得しない。まあ無理もないだろう。あんまり馴染みのない国から来た乗

ロンドンヒースロー空港のヴァージン・ドライブスルーチェックイン。航空会社が差し向けてくれたリムジンに乗ったまま手続きができる。ただしアッパークラス専用。

客が、目的国にビザなしで入国できるのかどうかを即座に判断するのはむずかしい。僕はさんざんゴネたあげく、出発間際に「もし入国できなかったとしても航空会社には迷惑をかけない」というような書面にサインしてようやく乗せてもらえた。要するにそういうのも旅客ハンドリングスタッフの仕事のひとつなのである（そのときは、もちろん目的地で問題なく入国できた。だから、ビザ不要だといったじゃない）。

チェックインの次に乗客が旅客ハンドリングスタッフにお世話になるのは、出発ラウンジか、出発ゲートである。出発ラウンジというのは要するに待合室のことだが、ビジネスクラスやファーストクラスなどの乗客が一般エリアの雑踏を離れてのんびりくつろげる場として用意されている。ここにはフカフカのソファや軽食コーナー、ビジネスコーナー、豪華なところではシャワールームやらマッサージコーナーまであるのだが、ここであれこれ世話をやいてくれるのも旅客ハンドリングスタッフであることが多い。

僕も貧乏人のわりには仕事がら、いろいろな航空会社のいろいろなラウンジを利用する機会が多い。香港チェク・ラプ・コック空港の巨大なキャセイパシフィック航空のラウンジ、ロンドン・ヒースロー空港のポップなヴァージン・アトランティック航空のラウンジなどユニークなラウンジは少なくないが、最も印象的だったのはサンフランシスコ国際空港にあるユナイテッド航空の1Kラウンジかもしれない。

ユナイテッド航空にはビジネスクラスやファーストクラスの乗客を対象としたレッドカーペットクラブなどの豪華ラウンジもあるが、1Kラウンジというのは年間一〇万フライトマイルあるいは一〇〇区間以上に搭乗するという上得意客専用のラウンジである。イメージとしてはレッドカーペットクラブ以上に豪勢ではないかと思っていたのだが、実際には味気ないパーティションで仕切られたビジネススペースが並ぶだけだった。1K会員の乗客はぎりぎりまで忙しく仕事をしている人が多いので、ラウンジでもゆったりくつろいでいるような暇はない。だからひたすら仕事に没頭させてあげようという、それはそれですごいラウンジなのである。

また出発ゲートでの旅客ハンドリングスタッフの仕事は、出発案内のアナウンスをしたり、搭乗の改札業務を行なったりといったことである。最近では自動改札機が主流になっているが、かつては一人一人のボーディングパスを手でもぎって（だからこの業務をモギリと呼んだ）、さらにそれを集計して乗客が全員搭乗したかどうかを確認していた。

もし搭乗終了時間になっても乗客が全員乗っていないことがわかると、それからが大変である。案内放送を繰り返すのはもちろんだが、それでも現われそうもないときには旅客ハンドリングスタッフが空港中を探し回らなければならない。

ちなみに「乗り遅れたヤツはおいていけ」というのが少なからぬ乗客の気持ちではないか

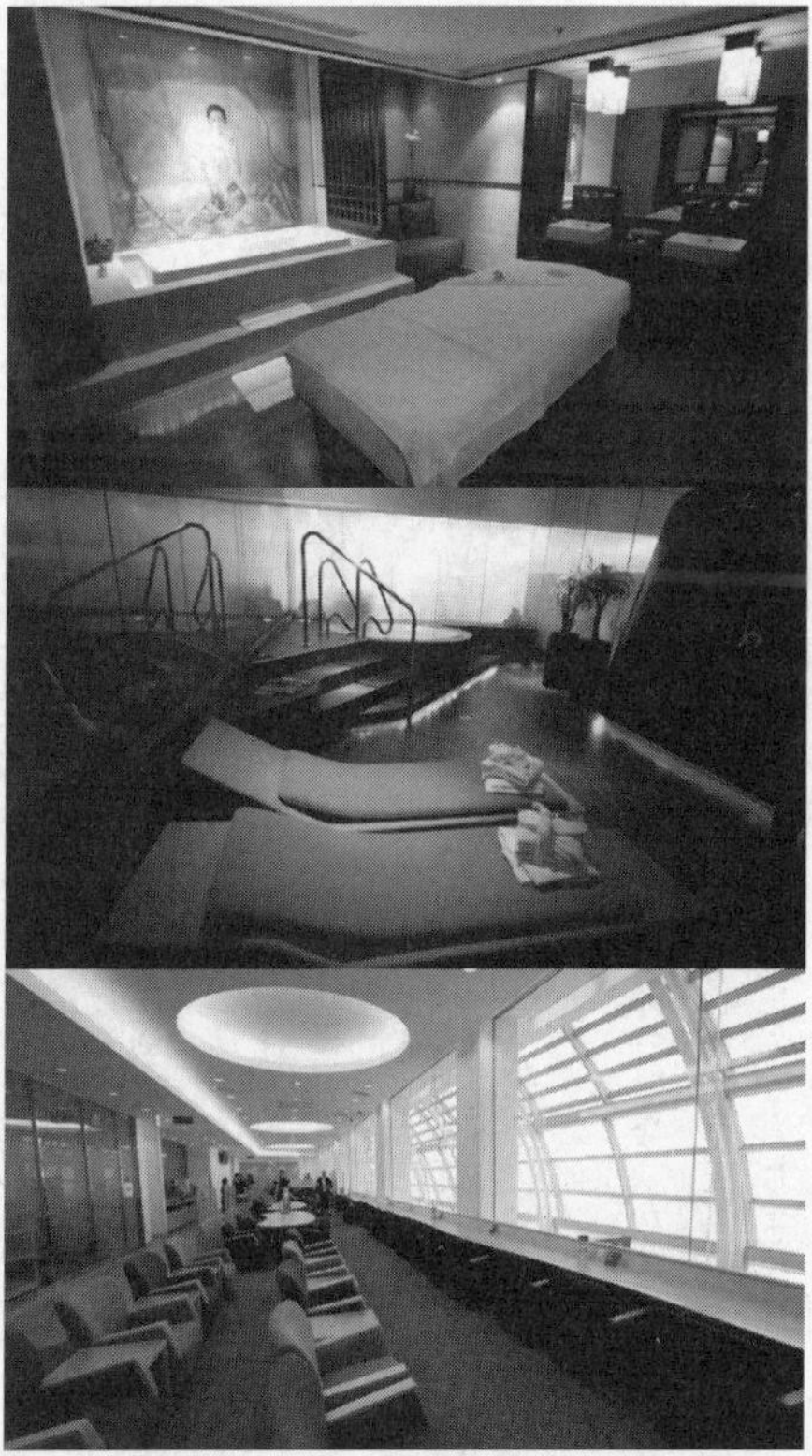

バンコク国際空港のタイ国際航空のラウンジでは、本格的なマッサージを受けることもできる（上）。高級スポーツクラブのようなヴァージン・アトランティック航空のスパ。ヒースロー空港のラウンジにある（中）。国内線にもマイレージの上級会員や上級クラスの乗客のためのラウンジがある。写真はANA羽田ラウンジ（下）。

と思うが、それができないのはその乗客が預けた荷物に爆弾が仕掛けてある可能性もあるからだ。爆弾入りの荷物を預けたうえで、自分は乗らないでトンズラする。そんなことがあっては大変なので、チェックインで荷物を預けた乗客が全員乗るまでは出発できない。どうしても見つからない場合には、また貨物室を開けてその乗客の荷物を探し出して降ろさなければならない。もちろん、いずれにせよ出発は大幅に遅れることだろう。

そうした事情を知ってか知らずか、「どうせ全員が乗るまで出発しないから」なんて遅刻承知で買い物なんかしていて、最後の最後にシレッとして乗り込んでくる乗客というのはけっこういるものだ。少しは息をきらしていたり、せめて申し訳なさそうな顔をしていたりするのならともかく（自分だっていつどんな事情で遅れるかもしれないのだし）、ふてぶてしく乗ってこられると本当に腹が立つ。

待たされた乗客の視線が冷たく突き刺さってくるのではないかと思うが、それが快感なのだと公言するアホもいたから救いようがない。こういうのが常習の乗客にはイエローカードでも出して、あるいはせめてブラックリストに記載して、もしまた遅刻するようならば預かった荷物をサッサと放り出して（サッサと放り出せるところに搭載して）定時出発できるような制度は作れないものだろうか。

また旅客ハンドリングスタッフはこうして出発便の面倒を見るだけでなく、到着便の面倒も見る。具体的には乗客をゲートで出迎えて、手荷物受取所や出口へと誘導する。これは最初に降りる乗客だけ誘導すれば、ぞろぞろと行列ができるのであまり手間はかからない。あとはせいぜいゲートのところに立って、乗り継ぎ客からの質問などに答えたりする程度でい い（到着が遅れて乗り継ぎがぎりぎりになったときには、一緒に走ることもあるそうだけど）。乗客にしてみても、到着ゲートに旅客ハンドリングスタッフの姿が見えなくても、あまり不安に思うことはないだろう。ただしバゲージクレーム、つまり手荷物受取所の担当は別である。

ここでの旅客ハンドリングスタッフの仕事は、順調ならば手荷物の半券をチェックすることくらいだが、実際にはさらに乗客のクレーム処理という渋い仕事もある。先ほども書いたように、荷物がちゃんと届かないという事故がだいたい一〇〇〇回に一回くらいの割合であるそうだ。あるいはちゃんと届いたものの、どこそこが壊れていたとかいうこともあるだろう。そうしたクレーム処理を行なうのも旅客ハンドリングスタッフの仕事なのである。

もちろんチェックインカウンターやラウンジなどでもさまざまなクレーム処理は必要だろうが、バゲージクレームの場合は順調ならばまったく旅客ハンドリングスタッフに声をかけることなく出ていく乗客がほとんどなのだから、あえて声をかけてくる乗客は何らかのクレームを抱えている可能性が高い。そんな乗客にも、笑顔を忘れずに身構える。これは精神的にも、けっこうハードな持ち場ではないかと思うのだ。

航空管制官

旅客機が空中で衝突しないように見張り、指示を出すのが航空管制官。間隔を広くとればより安全だが、間隔を詰めなければ飛べる旅客機は少なくなるのがむずかしいところ。交信に使われるのは英語で、その無線を傍受して楽しむマニアも少なくない。

旅客機はパイロットの意志だけで自由に飛ぶことはできない。決められたルート、決められた高度を航空管制官の監視のもとで飛ぶ。たとえば目の前に乱気流をともなった雲があったとしても、それを避けるためにルートや高度を変更するには航空管制官の許可が必要である。

窮屈なようだが、パイロットには自分の周辺の交通状況はよく見えない。もちろん見えて

これが管制塔の最上部、VFRルーム。主に空港内での地上移動や滑走路を使っての離着陸をコントロールする。揺れを抑える制震装置が組み込まれている管制塔もある。

はいるけれども、十分ではない。それは自動車の運転と同じである。自動車のドライバーにも周囲は見えているが、さらに広い交通状況まではわからない。だから交差点を曲がったところで、急に渋滞の尻についてしまうこともある。停まることのできる自動車ならばそれでもいいだろう。しかし、旅客機は空中で停まるわけにはいかない。

また空の交差点には信号機もない。自動車だって停まることができず、交差点もない道を走り回っていたとしたら、いずれは他の自動車と衝突してしまうだろう。それを防ぐには、やはり全体を見渡せる人による交通整理が必要になる。それが航空管制である。

だが航空管制官は、それぞれの旅客機の飛ぶルートや高度までを決めるわけではない。それは航空会社の運航管理者（ディスパッチャー）の仕事である。ディスパッチャーは当日の気象条件から、どんなルートをどんな高度で飛べば安全で快適（揺れが少ない）、しかも少ない燃料で飛べるかをコンピュータを使って計算する。

まあルートを決めるといっても、定期便の場合はだいたい決まりきったルートがいくつか用意してあるし、飛行方向によって飛べる高度がいくつか決められているので、当日の風向や風速から最も有利なルートと高度を「選ぶ」という感じである。ここで使われる気象情報は気象庁などからのデータのほか、飛行中のパイロットからも刻々と情報が集められるようになっている。

こうした計算結果はナビゲーションログという一覧表として出力され、フライト前のブリーフィングでパイロットに提示される。パイロットはディスパッチャーの用意したナビゲーションログや気象情報などを見ながら適当と思われるルートと高度を選び（特に問題がなければディスパッチャーの用意した第一案になる）、さらにそのルートを飛ぶために必要な燃料の搭載量を決定して署名する。こうしてできた飛行計画をフライトプランという。

フライトプランは、ディスパッチャーの手で管制機関にも送信される。いくらパイロットやディスパッチャーが「このルート、この高度が一番だね」と決めても、航空管制官が認めなければそのとおりに飛ぶことはできない。そこで便名や機種などのデータとともに希望するルートや高度を添えて管制機関に伝える。いわば、「この時間にこのルートと高度を使いたいです」という予約申し込みをしておくのである。

特に問題がなければ、後ほど申請どおりの飛行許可が与えられることになるが、それは当

ディスパッチャーとパイロットのブリーフィング。ディスパッチャーが用意した飛行計画を検討し、飛行ルートや巡航高度、搭載する燃料などを決める。

日の交通状況次第である。同じ時刻に同じルート、同じ高度を飛びたいという旅客機が殺到した場合、早いもの勝ちで有利なポジションが与えられていく。

ただしこれは予約段階での早いもの勝ちではなく、実際に出発準備が整った順番での早いもの勝ちとなっている。予約だけ先に入れて、しかし出発が遅れるようなことがあったら、せっかく確保してあげたルートや高度が無駄になる。だから、とりあえず予約だけ入れてもらったうえで改めて出発準備が整った段階で連絡。その順番で飛行許可が出されるようになっている。

ちなみに日本各地から寄せられたフライトプランを一括して受け付けているのは、埼玉県所沢市にある東京航空交通管制部である。ここでは本州上空を飛ぶ旅客機の管制業務も行なわれているが、周辺には空港も何もない。

埼玉県所沢市にある東京航空交通管制部。ここは日本で最初の民間機が飛んだ由緒ある場所でもある。近くに空港はないが、レーダーと無線で広範囲の管制を担当する。

日本で最初に飛行場ができた場所であるということを記念する所沢航空記念公園と航空発祥記念館という施設はあるが、上空にすら旅客機の姿はほとんど見られない。しかしフライトプランの受け付けや航空路（エアルート）の管制には直接旅客機の姿を見るような必要はないため、こうしたところでも十分に業務を行なうことができるのである。

東京航空交通管制部に集められたフライトプランは、いったん専用のコンピュータに入れられたうえで、改めて全国各地の関連管制機関などに送られる。出発空港や到着空港の管制機関はもちろん、その途中の航空路を管轄する管制機関にも「何時何分ごろ、○○航空○○便が飛ぶことになっていますよ」という予告を出すのだ。ただし予告はあくまで予告であって、実際に管制機関が動きだすのはその旅客機の出発準備が整ってからである。

同じ管制官といっても、窓のない部屋でレーダーモニターを見ながら管制を行なうこともある。これは羽田空港の管制塔下にあるIFRルーム。空港周辺の旅客機の動きを見張る。

パイロットが航空管制官と最初に連絡を取るのは、乗客の搭乗が終わって出発準備が整ってからである。ここでパイロットは空港の航空管制官に「エンジンスタート五分前」と告げる。これは現実に五分前の秒読みを開始したというのではなく、出発準備が整いましたという合図のようなものだ。

これを受けた航空管制官は東京航空交通管制部と連絡をとり、その便があらかじめ「予約申し込み」をしていたのと同じ時刻、同じルート、同じ高度を飛ぶ旅客機がないかどうかを確認する。問題がなければフライトプランは承認され、それが空港の航空管制官からパイロットに伝えられる。また同じときに同じようなところを飛ぶ「先客」がある場合には、高度やルートを変えたフライトプランが承認されることもある。これが先ほどいった「早いもの勝ち」ということである。

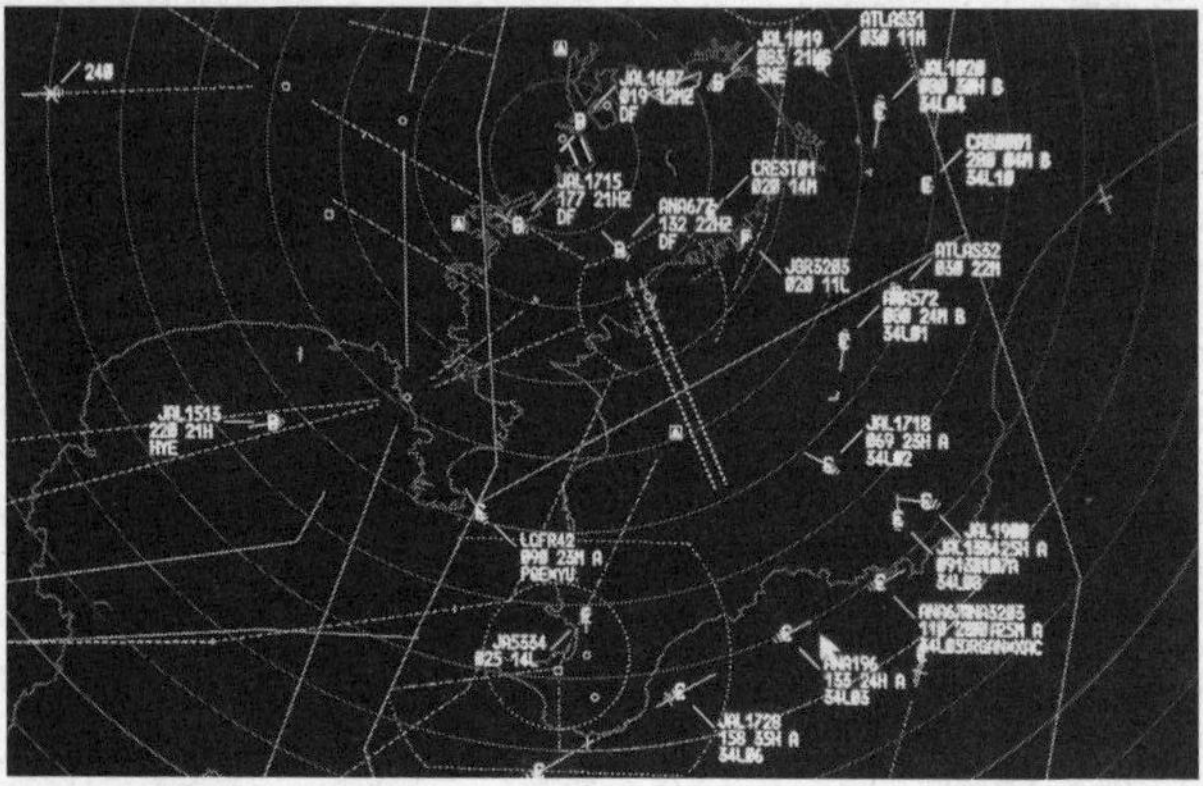

旅客機にはレーダーからの質問電波に対して自分の便名や高度などを返信する装置が備えられている。それによりレーダー画面上に便名などを表示することができる。

ときには高度やルートを変えたフライトプランどころか、出発そのものの延期を指示されることすらある。これはフローコントロールといって、空を飛ぶ旅客機が飽和状態になることを防ぐ予防措置である。

ときどき出発便の旅客機で、「管制からの指示で出発が三〇分ほど遅れます」などといわれることがある。羽田空港のように混雑した空港ならともかく、他に旅客機もいないような地方空港でもこんなことをいわれることがある。

「俺たちの旅客機しかいないのに、航空管制官が待てというはずがない。きっと何か故障したのを、こっそり直しているんじゃないか」と勘繰る人もいるかもしれないが、これは大抵フローコントロールによってストップをかけられているからである。フローコントロールを行なっているのは福岡にある航空交

航空管制官はいずれも国土交通省に属する国家公務員である。人事院の試験に合格したうえで、航空保安大学校で教育を受け、全国の管制機関に配属される。

通流管理センターで、ここでは提出されたフライトプランから日本各地の交通量を予測し、あまりの混雑が予想される場合には旅客機の出発を遅らせるような指示を出す。待たされるのは気分が悪いが、こんなときには無理に出発しても上空で余計に待たされたりするので結果は同じになる。そしてどうせ待つならば地上で待った方が燃料も少なくて済むし、なにより墜落する危険がないのがいい。

無事にフライトプランの承認（これをATCクリアランスという）を得た場合は、いよいよゲートを離れ、滑走路に向かう。このときも航空管制官からの許可を得なければならないが、今度の航空管制官は先ほどATCクリアランスを出してくれた航空管制官とは別の航空管制官となる。

ひとくちに航空管制官といってもその役割は細かく分かれていて、ATCクリアランスを専門に担当する航空管制官（クリアランス・デリバリー）もいれば、地上でのタキシングばかりを専門に担当する航空管制官（グランド）もいる。さらに滑走路の管制を専門に担当する航空管制官（タワー）、滑走路から離陸した旅客機を航空路まで導く航空管制官（デパーチャー）、航空路を巡航する旅客機を監視する航空管制官（エアルート）、そして航空路から滑走路に向かって降りてくる旅客機を導く航空管制官（アプローチ）など、いろいろといるのである。

それぞれの航空管制官は、その旅客機がもともとのフライトプランどおりに飛んでいるかを監視し、またルートや高度を変更する場合には周辺に衝突しそうな旅客機はいないかといったことをチェックして許可し、さらに可能ならば定められたルートよりも近道して目的地に着けるように指示することもある。レーダーモニターを見ていると、それぞれの旅客機は航空管制官の指示どおりにコースを変えたり高度を変えたりするから、なんだかラジコン機を飛ばしているようでもある。ゆえに航空管制官を「地上のパイロット」という人もいる。

このような航空管制官は、日本では国家公務員が務めることになっている。自衛隊との共用空港（新千歳空港や小松空港など）では自衛隊が管制を担当しているところもあるが、それ以外は国土交通省の航空管制官が管制を担当している。

航空管制官になるには人事院の実施する航空管制官採用試験に合格して航空保安大学校で訓練（研修）を受ける。

航空保安大学校というのは一般の大学とは違う、いわば職員の教育機関である。だから入学した段階でもう国家公務員の身分が与えられ、ちゃんと給料をもらいながら勉強できる。ただし外国籍など、国家公務員になる資格のない人は入学できない。

航空保安大学校を卒業したあとは全国各地の管制機関に配属されるが、そこですぐに一人前の航空管制官として活躍できるわけではない。先ほども書いたように航空管制官の業務はさまざまであり、それぞれに資格が必要となる。たとえばグランドの航空管制官を務めるにはグランドの資格を、タワーならばタワーの資格をといった具合に、現場に配属されてから改めて訓練を受けなければ実務に就くことはできない。ひとつの管制機関でも、そのすべての業務を行なうようにできるまでには数年もの時間がかかるのが普通である。

また航空管制には地域性もあるため、たとえば羽田空港でタワー業務に就いていたからといって、福岡空港にいってもそのままタワー業務に就けるわけではなく、改めて訓練を受けて資格を取り直さなければならない。しかも国家公務員の常として、転勤が多い。多くの管制機関でさまざまな管制を経験することで航空管制官としての幅は広がっていくが、一方で相対的に訓練期間の占める割合が高くなり、また徹底的にその空域を熟知した航空管制官が少なくなるという弊害も指摘されている。いずれは、こうした制度も変わっていくのかもしれない。

あとがき

僕が最初にジェット旅客機に乗ったのは高校時代のことだ。修学旅行をさぼり、戻ってきた積立金までを軍資金に加えてようやく調達した沖縄行きのスカイメイト航空券。ずっと飛行機が好きだったから、「念願かなって」といいたいところだが、いささか退屈でがっかりした。高度一万メートルの快適なキャビンには、飛んでいるという喜びがまるでなかったからだ。サン＝テグジュペリやリンドバーグが命をかけ、格調高く語った空の冒険物語は、もはや昔話にすぎないのか。

だが最新鋭のジェット旅客機とはいえ、飛んでいる空はサン＝テグジュペリの時代と同じである。つまり油断をすれば、いつでも木端微塵になるような危険を秘めている。風の力を借りて飛ぶ限り、どんなに飛行機が発達しようともそうした危険から逃れることはできない。それでも危険に打ち勝とうという技術開発、そして毎日の運航を支える人たちの努力は地道に続けられている。それは新しい、現代の空の冒険物語といってもいいかもしれない。

とりわけ旅客機が面白いのは、「すべてに理由がある」ということだ。その形や材質、運航の仕方、そしてクルーの行動のひとつひとつに深い理由がある。これほど理詰めで作られた乗り物は、他にはちょっと見当たらない。そうした面白さに気づけるかどうかで、空の旅の楽しさは何倍も違ってくるはずだ。

末筆になったが、例によって遅れがちの原稿を忍耐強く待って一冊の本としてまとめてくれた山海堂編集部の佐藤徹也氏には深く感謝したい。またこれまで数えきれないほどのフライトでお世話になった航空関係者の方々、そうした現場を取材する機会を数多く提供してくれたイカロス出版の理解ある方々にも感謝したい。

阿施光南

文庫版のあとがき

本書は二〇〇三年に山海堂から出版された「旅客機なるほどキーワード」を改題したものである。山海堂は二〇〇七年末に突然、倒産してしまい、そこから出されていた本も同時に絶版となった。それを光人社NF文庫として再び世に送り出していただく、これが三冊目となる。文庫版の出版にあたり、現在とは状況が変わっているところなどを書きなおし、新しくできる写真は差し替えた。そうした作業は、初版が出てからの五年間の航空業界の変化を見つめなおす作業でもあった。

まず国内航空会社の旅客機の写真は、ほとんど差し替えなければならなかった。この間にJJ統合、すなわち日本航空（JAL）と日本エアシステム（JAS）の統合がありJASの名前は消滅。また名前を残したJALもカラーリングを一新し、鶴丸マークは姿を消した。古いカラーリングの写真をそのまま使っても旅客機の説明にはさほど影響はないと思ったが、せっかくの機会なのでできるだけ新しいものにした。またJJほどは顕著ではないが、この間にＡＮＡもカラーリングを一部変更している。胴体に書かれていた漢字の「全日空」という文字がアルファベットの「ＡＮＡ」に変更されたのである。これもできるだけ新しい写真と差し替えた。

もちろんこの両社については変わったのは機体のカラーリングだけではない。それまで名実ともに日本を代表する航空会社だったＪＡＬは、ＪＡＳと統合することにより国際線から国内ローカル線まで幅広いネットワークを持つようになった。そこでナンバー２のＡＮＡを大きく引き離すことになるのではないかと思われていたのだが、実際にはＡＮＡがすさまじい追い上げを見せ、ついには新生ＪＡＬを追い越すほどになったのだ。いま日本の空ではＪＡＬとＡＮＡ、赤い翼と青い翼が一歩も譲らずに激しい競争を展開している。

海外航空会社にも、いくつもの動きがあった。とりわけ衝撃的だったのはノースウエスト航空という名前の消滅だろう。実際にはデルタ航空との合併によって社名を失うだけなのだが、ＪＡＬやＡＮＡよりも古くから日本の空を飛び、アメリカの航空会社でありながら成田空港をハブにアメリカばかりかアジア各地へと路線を展開してきたノースウエスト航空の名が消えることには、やはり寂しさを感じる。

また名前こそ変わっていないものの、内容的には昔と大きく変わっている航空会社も多い。たとえばエールフランス航空とＫＬＭオランダ航空は以前どおりに日本に路線を展開しているが、実はこの両社はすでに経営統合されて実質的にはひとつの航空会社となっている。さらにエールフランス・ＫＬＭはイタリアのアリタリア航空の株式を取得するなど関係を強化しており、もし将来的に本格統合することになれば同じ航空会社が三つのブランドで日本に乗り入れるということになる。伝統と先進性を融合させたヨーロッパらしい取り組みといえるかもしれない。

　もうひとつ海外の航空会社で注目されるのは格安航空会社、いわゆるローコストキャリア（LCC）だろう。日本でも低運賃をうたうスカイマーク航空やエア・ドゥ（北海道国際航空）などといった新規航空会社は何社かあるが、いずれも既存航空会社による対抗値下げなどによって厳しい状況に追い込まれている。それに対して外資系LCCは機内食の有料化など徹底したコスト削減やサービスの簡略化などにより、従来の航空会社がとても対抗できないような低価格（たとえばオーストラリアのジェットスター航空は成田からケアンズまで二万円で発売した）で勝負を挑んできている。

2006年10月１日、JALとJASの完全統合を祝ってあいさつするJALの西松遥社長。両側に並ぶのは歴代のJAL、JASのユニフォームを着た客室乗務員たち。

　ここまで安いと心配になるのが安全性だが、ジェットスター航空の場合は世界で最も安全といわれるカンタス航空の完全子会社であるというのが、ひとつの安心材料である。その信頼感を損なわないよう、末永く安全運航に努めていただきたいものだと思う。一方で

2008年５月から成田空港にも就航した世界最大の旅客機エアバスA380。その大きさだけでなく滑らかな乗り心地にも驚嘆の声がよせられている。

ＬＣＣにはアメリカのバリュージェット航空のように規定外の部品を使ってずさんな整備を行ない事故を起こした例もあり、残念ながらどこでも同じような安全性が維持できるとはいえない。

またＬＣＣの中には、イラク戦争以降の原油価格高騰と、その後のサブプライムローンの破綻からはじまった世界的な不況などから営業停止に追い込まれるものも少なくない。不況時に経営が厳しいのはＬＣＣに限らないが、最初から徹底的なコスト削減をしたうえでスタートしたＬＣＣにはもともと贅肉がなく、こうした環境変化に対する耐性が小さいともいえる。とにかく航空会社にとっては厳しい時代といえるだろう。

明るい話題としては、二〇〇五年に総二階建ての巨人旅客機Ａ380が初飛行に成功し、二〇〇七年にはシンガポール航空によって路線就航したということがある。これまで世界最大の旅客機の座は、三〇年以上にわたってボーイング747が占めてきた。それに対してヨーロッパ各国が共同で設立したエアバスは、ボーイング747の約一・五倍もの乗客を乗せることができるＡ380を完成させたのである。Ａ380は二〇〇八年五月から成田空港にも就航し、さらにエミレーツ航空やカンタス航空への引き渡しも進んでいる。

A380で印象的なのは、その大きさとともに乗客の期待度がきわめて高いということだろう。旅客機が日常的な移動手段として普及するにつれて、自分が乗っている旅客機に関心を払う人も少なくなってきた。実際、どんな旅客機に乗ったところで乗り心地に大きな差はなくなっているのだから、これもやむをえないといえた。旅客機は、いつの間にか路線バスのように没個性化した乗り物になってしまったのである。

ところがA380については、普段は飛行機に興味のないような人が「乗ってみたい」というのをよく耳にした。マニアでもない人が乗ってみたいと思う旅客機は、ボーイング747とコンコルド（いずれも一九六九年に初飛行）以来のことではないだろうか。もちろんライバルのボーイングも、予定よりは遅れているものの画期的な経済性と快適性を備えた787の開発を進めている。これは日本のANAが世界で最初に発注し、また世界で最初に就航させる予定である。それを今から心待ちにしている人を、僕は大勢知っている。

空を飛ぶという人類の夢を実現してくれた旅客機には、まだそんな風に人の気持ちをわくわくさせるような力がある。そう実感するのは、長く飛行機に関わってきた者としてとてもうれしい。

阿施光南

単行本　平成十五年一月「旅客機なるほどキーワード」改題　山海堂刊

NF文庫

乗る前に読む旅客機入門

二〇〇九年三月　六日　印刷
二〇〇九年三月十二日　発行
著　者　阿施光南
発行者　高城直一
発行所　株式会社　光人社
〒102-0073　東京都千代田区九段北一-九-十一
振替／〇〇一七〇-六-五四六九三
電話／〇三-三二六五-一八六四代
印刷所　モリモト印刷株式会社
製本所　東　京　美　術　紙　工
定価はカバーに表示してあります
乱丁・落丁のものはお取りかえ
致します。本文は中性紙を使用

ISBN978-4-7698-2598-2　C0195
http://www.kojinsha.co.jp

NF文庫

刊行のことば

第二次世界大戦の戦火が熄《や》んで五〇年——その間、小社は夥しい数の戦争の記録を渉猟し、発掘し、常に公正なる立場を貫いて書誌とし、大方の絶讃を博して今日に及ぶが、その源は、散華された世代への熱き思い入れであり、同時に、その記録を誌して平和の礎とし、後世に伝えんとするにある。

小社の出版物は、戦記、伝記、文学、エッセイ、写真集、その他、すでに一、〇〇〇点を越え、加えて戦後五〇年になんなんとするを契機として、「光人社NF（ノンフィクション）文庫」を創刊して、読者諸賢の熱烈要望におこたえする次第である。人生のバイブルとして、心弱きときの活性の糧《かて》として、散華の世代からの感動の肉声に、あなたもぜひ、耳を傾けて下さい。